建筑设计与景观艺术研究

邢艳春　赵恩亮　王海朝　著

中国原子能出版社
China Atomic Energy Press

图书在版编目（CIP）数据

建筑设计与景观艺术研究 / 邢艳春，赵恩亮，王海朝著 . -- 北京：中国原子能出版社，2022.12

ISBN 978-7-5221-2422-3

Ⅰ . ①建… Ⅱ . ①邢… ②赵… ③王… Ⅲ . ①建筑设计—研究②景观设计—研究 Ⅳ . ① TU2 ② TU986.2

中国版本图书馆 CIP 数据核字 (2022) 第 228660 号

建筑设计与景观艺术研究

出版发行	中国原子能出版社（北京市海淀区阜成路 43 号 100048）
责任编辑	潘玉玲
责任印制	赵 明
印 刷	北京天恒嘉业印刷有限公司
经 销	全国新华书店
开 本	787mm×1092mm 1/16
印 张	9
字 数	201 千字
版 次	2022 年 12 月第 1 版 2022 年 12 月第 1 次印刷
书 号	ISBN 978-7-5221-2422-3 定 价 76.00 元

前　言

　　建筑作为人们生活工作不可或缺的场所，不仅要有整洁、优美的外形，同时还要与周围的景观和环境相协调。它应该在为人们提供舒适的生活场所的同时，给人以美的感受。随着时代的发展，人们对建筑的要求越来越高，除了追求高性能外，人们更加注重建筑与外在环境的统一，没有与建筑设计相融合的景观设计，再好的建筑设计也不能给人带来美的享受，所以在建筑规划的实际中我们要积极寻找各种途径来实现两者的完美融合，这是建筑规划中一个永恒追求的目标。

　　为了满足这种要求，建筑已经不再仅仅局限于建筑设计，同时它也需要融入景观设计，按景观设计的原则，要求建筑自身的实用与外在的优美同周围的环境融合，从而减少"建设性景观破坏"，以提高建筑的美学价值及文化价值，建设一个与自然环境协调的人工构造物，创造一个新的优美的环境。

　　本书主要介绍了建筑设计理论和景观艺术知识。首先介绍了建筑设计的历史演变、特点、原则与内容，并分析了现代建筑设计的构思与理念以及现代建筑设计流派与美学规律。然后对景观园林建筑及其发展、景观园林建筑的艺术做出重要探讨，并对景观艺术与现代建筑设计的统一性、景观园林建筑设计方法与技巧进行深入的分析和讨论，着重强调了在现代审美下建筑景观设计的艺术性，给读者在此方面提供借鉴。

　　本书在撰写的过程中参考了一些专家、学者的研究成果和著作，在此表示衷心的感谢。由于时间仓促，水平有限，书中不足之处在所难免，恳请广大读者、专家批评指正。

目　录

第一章 建筑设计概述

第一节 建筑设计的历史演变

一、国外建筑设计的历史演变

（一）可持续发展建筑设计

当今社会人口爆炸，许多社会服务设施越来越无法满足人们的需求，尤其表现在人类的居住环境上。在这种时代背景和社会要求下，产生了新型建筑的构想。可持续发展要求给人们提供安全、舒适、适用、经济的居住建筑，这是旧有建筑所无法满足的。由于建筑工业的不断壮大，可持续化的设计理念引起了设计者们的广泛重视。

1.可持续建筑的概念

可持续建筑是指以可持续发展观规划和设计的建筑，内容包括城市选址、建筑材料、建筑设备以及与它们相关的建筑功能、建筑经济、建筑文化和生态环境等因素。建筑设计可持续发展的最终目标是在社会得到发展、人们的物质文化生活水平得到普遍提高的同时，科学有效地利用资源、保护环境，实现社会与自然的和谐发展。可持续建筑主张在设计时统筹考虑以下几个方面：与自然环境共生、建筑节能及环境技术的应用、循环再生型的建筑、舒适健康的室内环境、融入历史与地域的人文环境等。

2.可持续发展建筑设计的原则与技巧

可持续发展追求的是人、场地、自然的和谐共处，其核心思想是关注各种经济活动的生态合理性。注重可持续发展的建筑设计，应做好以下几个方面。

重视对设计地段的地方性、地域性理解，延续地方场所的文化脉络。现在随着国门的开放，西方现代建筑在中国遍地开花。因此，我们设计时应考虑南北不同，东西差异，根据地域的气候、文化及风俗习惯不同而做出各不相同的建筑作品。

增强适用技术的公众意识。结合建筑功能要求，采用简单合适的技术，充分利用地方及自然材料。如有些地方的石材丰富，用来作为建筑的墙体，甚至屋顶。

树立建筑材料蕴能量和循环使用的意识。在最大范围内使用可再生的地方性建筑材料，避免使用高能量、破坏环境、产生废物以及带有放射性的建筑材料，争取重新利用旧的建筑材料和构件。

针对当地的气候条件，利用被动式能源策略，尽量应用可再生能源。根据地方不同，考虑建筑的朝向，北向尽量利用太阳能取暖，南向则采用自然通风、采光。合理布置建筑空间，以适宜当地的气候条件。

完善建筑空间使用的灵活性，以减小建筑体量，将建设所需的资源降至最小。减少建造过程中对环境的损害，避免破坏环境、资源浪费。可持续建筑设计主要包括合理开发和利用土地、建筑平面设计、建筑外部环境设计、建筑内部功能设计。

合理开发和利用土地。建筑设计对于土地开发和利用的原则，是在建筑节地与土地资源利用上，强调土地的集约化利用，充分利用周边的配套建筑设施，合理规划用地；强调能在不增用或少增用土地的前提下，高效利用土地，开发利用地下空间。

建筑平面设计。合理的朝向设计能使建筑从阳光中获取大量的能量，住宅往往需要平行布置，并且朝向南面，同时彼此之间要留出足够的间距来保证冬季得到充足的日照。建筑物的形状以正方形最有利，细长型的建筑因外墙面积大，能源消耗大。建筑能耗的大小以建筑的体形系数控制，体形系数越大，单位建筑空间的散热面积越大，能耗就越高。

建筑外部环境设计。建筑本身应与环境协调，适应地方生态而又不破坏地方生态。包括建筑应与地形地貌相结合，达到建筑与环境共生，减少对环境的破坏；注重新材料、新工艺、新技术的应用，采用更有利于环境的加工技术和设备；注重建筑节能，推广使用高效绝热节能材料，提高建筑热环境性能；充分利用气候资源；节约用水，可在建筑内设置废水处理设施和净化循环系统，使生活污水多次利用，用于景观水体、绿化浇灌、清洗冲厕等；通过绿化建筑来净化空气、减少噪声、维护生态平衡，可利用屋面、墙面、窗台、阳台等处种植花草，使建筑群成为城市立体绿化园林的主体；树立建筑材料循环使用的意识，在最大范围内使用可再生的地方性建筑材料，尽可能再利用旧的建筑材料和构件。

建筑内部功能设计。建筑内部功能设计应是一个可持续发展的动态设计过程，是通过建筑的可变性，使其达到较长时间的适应性，充分发挥实体材料的寿命。包括：强调整体设计的意识，即重全局、轻细节的设计思路；结构方面采用新技术，如大跨度预应力叠合楼板、无梁楼板等，以少的承重体系支撑起最大的空间，为其可变性提供前提条件；建筑体形应力求简洁，减小建筑体量，门窗位置应尽可能满足多种室内布置的需求，为内部的改进创造条件；管道井、楼梯、卫生间等不可变部分可作为一单元集中布置，加大可变部分的面积和灵活度，适应建筑的发展，并且凭借评定的结果来进行判断建筑是不是可持续建筑。

3. 可持续发展建筑的四原则理论

国外对建筑业可持续发展理论的研究始于 20 世纪 90 年代。最初对建筑理论的讨论主要集中在建筑设计方面，如绿色建筑概念、生态建筑概念。经过发展，建筑业可持续发展的概念已经从建筑设计延伸到了整个建筑物生命周期，包括规划、设计、材料选择、建造、运行等整个过程的考虑。欧洲的可持续建筑设计水平居于世界领先地位，这不仅得益于国家强制性法规的日益严格与完善，针对可持续技术的专门研究机构的研究成果日益成熟，建筑行业高度产业化的支持，同时也是教育科研机构非常重视和支持可持续发展，加上许多非营利的民间组织积极向公众普及和推广环保节能概念的成果。对于可持续建筑来说，世界经济合作与发展组织（OECD）对于可持续建筑相应地给出了一个评定因素以及四个原则：第一，是对于资源的应用效率原则；第二，是对于能源的有效使用原则；第三，对于室内的空气质量以及二氧化碳的排放量的防止原则；第四，与环境和谐相处的原则。评定因素就是针对这四个原则的内容来进行评判的，并且以评定结果来进行判断建筑是不是可持续建筑。可持续建筑的总的设计原则是：重视对设计地段的地方性、地域性的理解，延续地方场所的文化脉络；增强使用技术的公众意识，结合要求，采用简单合适的技术；树立建筑材料蕴藏能量和循环使用的意识，避免使用高蕴能量、破坏环境、产生废物以及带有放射性的建筑材料、构件；针对当地的气候条件，采用被动式能源策略，尽量应用可再生能源；完善建筑空间使用的灵活性，以便减少建筑体量，将建设所需的资源降至最少；减少建造过程中对环境的损害，避免环境破坏及建材浪费。

4. 典型案例

（1）德国的海德瑙。德国的可持续建筑委员会第一座认证的可持续建筑是在德国的海德瑙。这座可持续建筑将弯曲的外形和周围的建筑以及外部环境充分地结合在一起。设计作品很好地和现有的城市规划背景融为一体。从规划之初，就把可持续的因素充分地考虑到，并且形成在设计之中不可或缺的局面。热量舒适度、声响舒适度、视觉舒适度、用户舒适度以及整体规划均是详细设计之中的要素。建筑的东部不仅是开放式的，而且其也相对比较宽大，其弯曲的玻璃立面也就形成了和户外相互隔绝的空间，但是在视觉上依然与室内的空间交相辉映。这个玻璃面主要是连接着开放与灯光充盈之间的空间。认证的标准包括生态质量、经济质量、社会－文化和功能质量、技术质量、工序质量以及位置质量等，从规划之初就考虑到了可持续因素，并形成设计中不可分割的一部分。整体规划、用户舒适度、视觉舒适度、声响舒适度以及热量舒适度都是详细设计中的标准。建筑的东部宽大而开放，弯曲的玻璃立面形成了隔绝的户外空间，但在视觉上还是与室内空间相连。建筑以两大功能区分割，南边是接待区或"公共空间"，迎接来客并引导他们经过两层高的大厅。底层是会议室，上层是一个展厅。"内部功能"则主要体现在北边，那里有分隔的办公室、复印室和一个宽大的办公区。

（2）英国曼彻斯特天使一号广场。位于英国曼彻斯特的天使一号广场是英国高品集团的新总部大楼，于2012年建成，可容纳3万多平方米的高质量办公空间。数据显示，这里与高品集团之前的总部大楼相比，可节省能耗50%，减少碳排放80%，节省营业成本高达30%。大楼实行本地采购和可持续性原则。据了解，这座大楼的能源来自于低碳的热电联产系统，由本地"高品农场"生产的油菜籽作为生物燃料，为热电联合发电站供能，剩余的庄稼外壳会回收成为农场动物们的"盘中餐"。多余的能量则会供应给电网，或是应用在其他的 NOMA 开发项目（由高品集团发起的英国最大的地区改造项目）中。剩余废弃的能量则会输送给一台吸收式制冷机，用来给建筑物制冷。这座大楼配备废水回收和雨水收集系统，确保了楼宇的低水耗。大楼还采用低能耗的 LED 照明，尽量采用自然光照，所以距离窗户 7 米之外是不设置办公桌的。这里还配有电动汽车的充电站，使其能满足未来楼宇居民的出行需求。

（二）以人为本建筑设计

随着社会的进步，建筑的设计主体越来越朝着以人为本方向发展。在科学技术不断发展的今天，人们对于生活品质的追求更加热衷，眼光也不断提高，对于绿色生态平衡、舒适健康并存的居住环境十分喜爱，人们对住宅的需求已经不满足于简单的居住要求，间隔多样化、户型多样化、良好的绿化环境、和谐的社区氛围已成为越来越多人的追求。建筑设计必须更新设计理念，从住宅户型、景观设计、交通体系、设施系统诸方面为民众创造一个休闲、精致、优雅的家园，达到提高人们生活质量的目的。

1. 以人为本建筑设计特征

以人为本的建筑设计即人性化的设计特征：一是充分满足人们生活方式的多样性，使建筑空间多元化；二是强调人与生态自然的和谐；三是尊重人与人的交往，增强邻里文化建设。这三点均是以人为出发点，重视协调人与人之间、人与自然之间、人与建筑之间的关系。"以人为本"的建筑设计原则，满足"人"在物质方面与精神层面的正当需求，我们亦应根据建筑的主题、意境、特色进行植物配置，协调建筑和其周围环境相适宜，在建筑的设计过程中，将以人为本的设计理念作为核心，充分利用环境的自然资源，使用高效的节能材料，避免污染超标，保证居住环境的健康和舒适，创造洁净、明亮的居住环境。建筑设计的人性化使人的因素在建筑中越来越显得重要。应改变只重生产工艺要求，轻视人的行为和心理需求的倾向，真正体现对人的人文关怀。建筑中的空间及环境要与人相融合，让人们置身于建筑的良好环境中产生归属感、生活感和亲切感。

2. 日本实例

坚持以人为本的建筑设计理念，是衡量当代建筑行业的设计师是否合格的重要标尺。

日本建筑设计人性化，公共卫生间人性化设计的理念做到了极致。无论是在饭店、商场，还是在地铁车站或街边小饭馆，卫生间的墙壁、地砖和卫生洁具等区域都锃亮洁净。卫生间马桶盖带清洗功能。卫生间不会只放一个马桶，空间当然要充分利用。马桶的上方会设计储物空间，是清洗剂、卷纸的最佳空间。卫生间里没有纸篓，手纸入水溶解，使卫生间的环境得到了改善。在一些医院，除了一般的红外线感应器小便池外，还有许多配有脚下电子秤的马桶。在使用马桶时，电子秤会测出用厕人的体重，旁边的扶手会量出血压、心跳，马桶内的化验仪器会分析出粪便中的蛋白质、红白血球和糖分，这些数字会在厕所内的屏幕上显示。商场公共卫生间把公共卫生间的名字定义为"转换室"，以转换为工作、休息场所，远远超越了厕所的概念。卫生间每个隔间都配备了传感器，它会检测是否有人使用相应的隔间，并将信息传输至安装在厕所外面的大监视屏上；还有小图标显示空着的是西式坐厕还是传统的日式蹲厕。女厕设有 72 个小隔间；而男厕只有 14 个隔间和 32 个小便池，这样的比例是为了应对女性在公共场所等待如厕的时间通常比男性长。如厕的声音会让女性感到尴尬，所以有些女性上厕所时第一件事便是冲水，对于这种浪费水的行为，日本设计师做了一个小小的发明：按下"音姬"按钮，便会播放潺潺流水声或者音乐，女生也就不会担心如厕的声音尴尬了。

因此，在建筑的设计过程中，将以人为本的设计理念作为核心，充分利用环境的自然资源，使用高效的节能材料，避免污染超标，保证居住环境的健康和舒适。

（三）绿色建筑设计理念

绿色建筑不是用奢华和高科技盲目堆砌，主要靠实行精细化设计，其核心是保证全寿命周期内建设节约、环保、适用的建筑，以促进建设模式向绿色建设模式的转变；是指在设计与建造过程中，充分考虑建筑物与周围环境的协调，利用光能、风能等自然界中的能源，最大限度地减少能源的消耗以及对环境的污染。绿色建筑的三大特点：节能能源、节约资源、回归自然即最大限度地节约资源（节能、节地、节水、节材），保护环境和减少污染，为人们提供健康、适用和高效的使用空间，与自然和谐共生。

1. 原则

绿色建筑设计应当遵循以下原则。

（1）遵循和谐原则：建筑作为人类行为的一种影响很多结果。由于其空间选择、建造过程和使用拆除的全寿命过程存在着消耗、扰动以及影响的实际作用，其体系和谐、系统和谐、关系和谐便成为绿色建筑特别强调的重要和谐原则。

（2）遵循适地原则：任何一个区域规划、城市建设或者单体建筑项目，都必须建立在对特定地方条件的分析和评价的基础上，其中包括地域气候特征、地理因素、地方文化与风俗、建筑机理特征、有利于环境持续性的各种能源分布，如地方建筑材料的利用强度和持久性，以及当地的各种限制条件等。

（3）遵循节约原则：重点突出"节能省地"原则。省地就要从规划阶段入手解决，合理分配生产、生活、绿化、景观、交通等各种用地之间的比例关系，提高土地使用率。节能的技术原理是通过蓄热等措施减少能源消耗，提高能源的使用效率，并充分利用可再生的自然资源，包括太阳能、风能、水利能、海洋能、生物能等，减少对于不可再生资源的使用。在建筑设计中结合不同的气候特点，依据太阳的运行规律和风的形成规律，利用太阳光和通风等节能措施达到减少能耗的目的。

（4）遵循舒适原则：舒适要求与资源占用及能量消耗在建筑建造、使用维护管理中一直是一个矛盾体。在绿色建筑中强调舒适原则不是以牺牲建筑的舒适度为前提，而是以满足人类居所舒适要求为设定条件，应用材料的蓄热和绝热性能，提高维护结构的保温和隔热性能，利用太阳能冬季取暖、夏季降温，通过遮阳设施来防止夏季过热，最终提高室内环境的舒适性。

（5）遵循经济原则：绿色建筑的建造、使用、维护是一个复杂的技术系统问题，更是一个社会组织体系问题。高投入、高技术的极致绿色建筑虽然可以反映出人类科学技术发展的高端水平，但是并非只有高技术才能够实现绿色建筑的功能、效率与品质，适宜的技术与地方化材料及地域特点的建造经验同样是绿色建筑的发展方式。

2. 内容

绿色建筑设计主要包括以下几个方面。

（1）节能能源：充分利用太阳能，采用节能的建筑围护结构以及采暖和空调，减少采暖和空调的使用。根据自然通风的原理建造风冷系统，使建筑能够有效地利用夏季的主导风向。建筑采用适应当地气候条件的平面形式及总体布局。

（2）节约资源：在建筑设计、建造和建筑材料的选择中，均考虑资源的合理使用和处置。要减少资源的使用，力求使资源可再生利用。节约水资源，包括绿化的节约用水。

（3）回归自然：绿色建筑外部要强调与周边环境相融合，和谐一致、动静互补，努力做到保护自然生态环境。

（4）舒适和健康的生活环境：建筑内部不使用对人体有害的建筑材料和装修材料。室内空气清新，温、湿度适当，使居住者感觉良好，身心健康。

绿色建筑的建造特点包括：对建筑的地理条件有明确的要求，土壤中不存在有毒、有害物质，地温适宜，地下水纯净，地磁适中。绿色建筑应尽量采用天然材料。建筑中采用的木材、树皮、竹材、石块、石灰、油漆等要经过检验处理，确保对人体无害。绿色建筑还要根据地理条件，设置太阳能采暖、热水、发电及风力发电装置，以充分利用环境提供的天然可再生能源。

绿色建筑设计理念，首先要考虑的是建筑内的居住者的生活质量。不考虑居住者感受的建筑，连销售市场都没有，其本身就是一种浪费，更不必考虑建设和使用中的浪费问题。绿色生态型建筑必须要充分适应当地生存环境和风俗习惯，满足居住者的健康、舒适、便利等要求。对于北方地区而言，采暖是第一位的，因此必须在节能的同时，切实加强建筑内的加热和保温设计，使其能够适应当地的气候条件。同时，还必须考虑到地区内大多数居民的生活条件，不能仅仅为了建设优质建筑而不顾成本，建造出居住舒适但居民无力购买的高价建筑。因此，如何在恶劣的气候条件以及北方相对较低的经济收入水平下，设计出最为适宜的绿色生态型建筑，是一项十分艰巨的任务。

现代社会人们对于绿色健康生活方式的追求主要体现在能源的节约上，能源的节约体现在建筑上就是适应时代发展要求的设计理念。绿色建筑就是重新将人们的建筑回归自然，重新融入自然世界中去。

3. 国外绿色建筑典型案例

（1）新加坡义顺邱德拔医院。新加坡对绿色建筑十分重视，至2030年绿色建筑占所有建筑的比例至少达到80%。绿色建筑义顺邱德拔医院完全遵循绿色和高能效的理念建成。在光伏系统、采暖通风系统、日常照明系统等方面实现了零能源，并且扩大绿植覆盖面积，达到 70% 的自然空气流通，建筑的用能效率比普通医院的平均水平高出 50%。

（2）美国绿色办公室。美国国立资源保护委员会总部以废旧回收物为主要建材的绿色办公室。该栋办公楼从外表看与普通写字楼并无区别，但它的墙壁是由麦秸秆压制并经过高科技加工而成，其坚固性并不次于普通木结构房屋；其他板系由废玻璃制成，办公桌用废旧报纸和黄豆渣制成。最具特色的是其外墙缠满爬山虎等多种蔓生植物，这不仅使办公室显得美丽清爽，并且能调节温度，使室内冬暖夏凉，有益身心健康。

绿色建筑的设计理念就是要追求更加节能、更加环保、更加舒适的环境条件，对于各种建筑材料的使用追求更加安全环保。因此，绿色建筑是可持续发展建筑的必然产物，而发展绿色建筑就要求在建筑设计之初，就要以绿色发展的理念来进行设计，而且这也要求在建造过程中不断地加入新的、先进的施工技术，节能设计的理念应该贯穿到建筑设计的始终，这是国家的方针政策，也是作为一名合格建筑师应该掌握的建筑设计理念。

（四）智能建筑设计理念

建筑的智能化应用主要就是把各种信息化技术，如多媒体技术、移动互联网技术、虚拟现实技术（VR）等应用到建筑设计的创作过程中，通过运用这些智能化新技术，并且通过 BIM 技术进行建筑设计的集成，极大地提高建筑设计的工作效率和设计质量。智能化装置能够及时做出准确的应对措施。生态建筑设计涉及新材料的应用、新能源的开发、新技术的进步等多个方面。从技术方案的角度讲，生态建筑要做到合理规划、合理选址，尽可能降低对能源地消耗，有效提高资源利用率。生态建筑可以充分利用太阳能、风能等自然能源，达到可持续发展的建设目标。

1. 智能建筑设计原则及技术应用

智能建筑的目标之一：共享信息资源。智能建筑要满足一些基本要求。对使用者来说，智能建筑应能提供安全、舒适、快捷的优质服务，有一个可以提高工作效率、激发人的创造性的环境。对管理者来说，智能建筑应当配备一套先进、科学的综合管理机制，不仅要求硬件设施先进，软件方面和管理人员（使用人员）素质也要相应配套，以达到节省能耗和降低人工成本的效果。

智能建筑设计应遵循以下基本原则。

（1）从实际出发：根据用户的需求和整体的考虑，选取合适的智能化系统产品，保证各个子系统之间可以通过性能价格比较好的软、硬件设备来实现网络互联。

（2）开放性：集成后的系统应该是一个开放的系统，系统集成的过程主要是解决不同系统和产品间接口和协议的标准化，使智能大厦开放性地融入全球信息网络。

（3）先进性：在用户现有需求的前提下，并考虑今后的发展，使方案保证能将商务中心之类建成先进的、现代化的智能型建筑。

（4）集成性和可扩展性：充分考虑整个智能化系统所涉及的各子系统的集成和信息共享，实现对各个子系统的分散式控制、集中统一式管理和监控。总体结构具有可扩展性和兼容性，可以集成不同生产厂商不同类型的先进产品。

（5）安全性、可靠性和容错性：整个楼宇的智能化系统必须具有极高的安全性、可靠性和容错性。

（6）服务性和便利性：适应多功能、外向型的要求，讲究便利性和舒适性，达到提高工作效率、节省人力及能源的目的。

（7）经济性：在实现先进性、可靠性的前提下，达到功能和经济的优化设计。

（8）兼容性：与用户原有的系统充分兼容，保护用户投资，并在结构上、功能上和性能上进一步扩充。

智能控制技术的广泛应用。智能技术通过非线性控制理论和方法，采用开环与闭环控制相结合、定性与定量控制相结合的多模态控制方式，解决复杂系统的控制问题；通过多媒体技术提供图文并茂、简单直观的工作界面；通过人工智能和专家系统，对人的行为、思维和行为策略进行感知和模拟，达到对楼宇对象的精确控制；智能控制系统具有的特点，具有自寻优、自适应、自组织、自学习和自协调能力。

城市云端的信息服务的共享。智慧城市中的云中心，汇集了城市相关的各种信息，可以通过基础设施服务、平台服务和软件服务等方式，为智能建筑提供全方位的支持与应用服务。因此智能建筑要具有共享城市公共信息资源的能力，尽量减少建筑内部的系统建设，达到高效节能、绿色环保和可持续发展的目标。

物联网技术的实际应用。简单来说，物联网是借助射频识别（RFID）、红外感应器、全球定位系统、激光扫描器等信息传感设备，按约定的协议，把物品与互联网连接起来，进行信息交换和通信，以实现智能化识别、定位、跟踪、监控和管理的一种网络。智能建筑中存在各种设备、系统和人员等管理对象，需要借助物联网技术，来实现设备和系统信息的互联互通和远程共享。

三网融合的应用。三网是指以因特网（internet）为代表的数字通信网、以电话网（包括移动通信网）为代表的传统电信网和以有线电视为代表的广播电视网。三网融合主要是通过技术改造，实现电信网、广播电视网和互联网三大网络互相渗透、互相兼容，并逐步整合成为统一的通信网络，形成可以提供包括语音、数据、广播电视等综合业务在内的宽带多媒体基础平台。智能建筑中，通过三网业务的融合使建筑内部的人员不再关心谁是服务商，自由自在地获取各种语音、文字、图像和影视服务。

2.国外智能建筑典型案例

典型案例一：英国全电式的智能西门子水晶大楼。水晶大楼是一座"全电式"的智能建筑，采用了以太阳能和地源热泵提供能源的创新技术，大楼内无须燃烧任何矿物燃料，产生的电能也可存储在电池中。此外，水晶大楼还融合了可将雨水转化为饮用水的雨水收集系统、黑水（厕所污水）处理系统、太阳能加热和新型楼宇管理系统，使得大楼可自动控制并管理能源。

典型案例二：环境系统公司（ESI）总部建筑。美国威斯康星州布鲁克·菲尔德的环境系统公司（ESI）总部是世界上最智能的建筑之一，自动化程度甚至使建筑内灭火器在互联网上得到控制。该公司总部是技术和特色系统的显示，大大降低了运营成本。该建筑物获得了能源之星称号，评级为98分，尽管这座新建筑比前任大一万平方英尺，但公用事业成本比以前的建筑物低了33%。建筑大厅设有大型平板显示器，显示有关建筑物性能的实时信息。这些参数包括与能量、HVAC系统、照明和插头负载相关的测量。报警系统连接到BAS（楼宇自动化系统），系统监控灭火器，确保其具有适当的压力，并且不被阻塞。

典型案例三：迪拜太平洋控制楼。中东首个白金级LEED项目，迪拜太平洋控制大楼拥有一个集成的楼宇自动化系统，使用有线和无线传感器控制和M2M的通信，这使其成为该地区可持续发展的象征。该建筑具有IP骨干网，可用于访问、音频和摄像机、电梯和火灾报警器。它负责公司的研发活动，并将远程监控该地区公共和私人物业的设施服务。

（五）生态建筑设计理念

1.生态建筑的设计理念

生态理念的发展是一个时代科技发展和社会进步的体现。生态理念指导下的现代建筑设计力图体现高效、美观、健康和舒适的核心思想。生态建筑对于居住者来说应具有足够的舒适度，首先应具备适宜的湿度和温度。例如，有些地区夏季室内空调温度相对较低，甚至需要加衣保暖，这样的舒适无疑是畸形的，同时也对资源和能源造成极大浪费，而且不利于人体健康。

生态建筑必须是节约能源、资源，采用自然通风、自然采光、太阳能等利用设计，建筑本身低能运行，因此，建筑包括保温隔热复合墙、节能玻璃、智能化遮阳系统等的应用，能保证延长建筑物的寿命，符合建筑节能规范的要求；能保证长时间连续运行，且具有高效，可靠性、低能耗、低噪声。环保化原则：生态建筑大量采用绿色型、环保型建筑材料。包括防霉、抗菌功能复合内墙涂料、小材黏合剂、排烟脱硫石膏以及石膏矿粉复合胶凝材料和高性能水性材料表面装饰涂料等；改善室内环境控制，有良好的室内空气质量、建筑声环境和建筑光环境。人性化原则：生态建筑必须符合人性化原则，树立"以人为本"的建筑设计理念。生态建筑追求高效节约但不能以降低生活质量、牺牲人的健康和舒适性为代价，原始的土坯房绝对不能称为生态建筑。在以往设计的一些太阳能住宅中，有相当一部分是服务于经济落后地区的，其室内热舒适度较低。随着人民生活水准的不断提高，这种低标准的"生态"住宅很难再有所发展。

2.生态建筑的发展趋势

生态建筑在西欧和北欧是发展较好的建设，近年来，在日本和新加坡均有现代意义的生态建筑建成。目前，各国建筑师都在潜心研究生态建筑的技术和设计方法。从建筑设计上看，首先是将建筑融入自然，把建筑纳入与环境相通的循环体系，从而更经济有效地使用资源，使建筑成为生态环境的一部分，尽量减少对自然景观、山石水体的破坏，使自然成为建筑的一部分，通过高技术实现能量循环利用。其次是将自然引入建筑，运用高科技知识，促进生态化、人工环境自然化。在现代都市中引入自然，再现自然，运用生态技术，将植物、水体等自然景观引入建筑内部。

生态建筑代表了 21 世纪的发展方向，从全球可持续发展的观点来看，提倡各种建筑生态技术的应用，发展生态建筑，有助于推动全球生存品质的改善。对于发展中国家，加大生态建筑的研究，推进建筑的生态化，无论从环境的角度、能源的角度或是可持续发展的角度都将有重要的现实意义。生态建筑作为一个宏观概念，涉及新材料的应用、新能源的开发、新技术的进步等多个方面，它不仅关注建筑本身，而且关系到社会的整体生态环境状况。同时也可将生态建筑当作一个技术集成体，很多技术问题如能源优化、中水利用、污水处理、太阳能利用等，这些并不属于建筑专业，需要建筑师与其他专业工程师的共同配合来完成。

3. 典型生态建筑设计的案例

典型案例一：帕来索西西姆的生态宾馆。位于墨西哥尤卡坦半岛海边的帕来索西西姆生态宾馆，可提供 15 个宽敞、舒适的俯视青绿色墨西哥湾的小屋，坐在屋子里不时可以看到当地十分有名的成群结队的火烈鸟。这个宾馆是根据最严格的环保要求设计的，它采用的是泥土、木材和草，既节能又环保。这里有采用环保的生物过滤方法的再循环水，还有利用太阳能加热的游泳池。

典型案例二：马来西亚那亚大厦。马来西亚那亚大厦建成于 1992 年 8 月，由杨经文设计建造。整个大厦共有 30 层，高 163 m，是高圆柱体塔楼，所属气候区为亚热带。并且基于生态系统的原理，依据建筑和管理的群体让位于单位建筑及周边环境的原则，来实现经济、自然和人文效应的三大生态目标。主要生态设计特征：空中花园从一个三层高的植物绿化护堤开始，沿建筑表面螺旋上升（平面中每三层凹进一次，设置空中花园，直至建筑屋顶）。中庭使凉空气能通过建筑的过渡空间。绿化种植为建筑提供阴影和富氧环境空间。曲面玻璃墙在南北两面为建筑调整日辐射的热量。构造细部使浅绿色的玻璃成为通风过滤器，从而使室内不至于完全被封闭。每层办公室都设有外阳台和通高的推拉玻璃门以便控制自然通风的程度。所有楼电梯和卫生间都是自然采光和通风。屋顶露台由钢和铝的支架结构所覆盖，它同时为屋顶游泳池及顶层体育馆的曲屋顶（远期有安装太阳能电池的可能性）提供遮阳和自然采光。被围合的房间形成一个核心筒，通过交流空间的设置消除了黑暗空间。这是一套被用于减少设备和空调系统的能耗系统。

二、我国建筑设计的历史演变

中国特色社会主义进入新时代，面对中国建筑设计行业发展环境和发展趋势的变化及存在的问题，全行业迫切需要增强紧迫感、危机感，迫切需要进行改革创新。全行业需要深入学习贯彻党的二十大精神，坚持以习近平新时代中国特色社会主义思想为指引，创新思路，以新思维、新行动寻求新征程的新发展。

（一）创新思路求发展

1. 突出"大设计"理念

以完善工程建设组织模式为基础，深入理解全过程工程咨询内涵，突出"大设计"理念。中国建筑设计企业不应只关注设计业务，还应关注前期策划、咨询业务，关注设计与施工融合，寻求为建设单位提供全过程工程咨询服务。未来中国建筑设计企业应突出"设计＋咨询＋管理"的"大设计"理念，坚守设计主业、提升咨询能力、补全管理短板、体现设计咨询价值、体现专业人干专业事的优势，真正实现为工程建设全过程提供设计咨询管理服务。围绕建设单位做足、做全、做好服务，争取全过程设计咨询管理服务收费，改变目前收入构成、拓展业务范围、提升品质价值、提高质量收益，实现新的跨越。

第一，要继续坚守设计主业。在传统方案设计、初步设计、施工图设计基础上，努力适应全过程工程咨询与实施建筑师负责制改革需求，在提升质量、效率、效益上下功夫。一是要提升建筑设计原创水平、增强建筑创作能力、关注建筑传统文化传承，适应建筑方针要求；二是要关注建筑使用功能，注重品质、价值体现；三是要关注建筑经济性能，注重产品性价比提升，适应限额设计需求；四是关注设计优化、深化，积极为业主和总包方提供优质服务，让优化体现优势，让深化辅助精细；五是要关注设计施工一体化，促进设计施工协同，让产品充分体现设计师的意图；六是提早为施工图技术设计与深化设计分离做好准备，统筹安排，选好合作伙伴，积极迎合市场需求。

第二，要提升咨询策划能力。既要关注在项目前期提供策划咨询，参与项目建议书、可行性研究报告与开发计划的制定，参与项目规划与环境条件确认及建筑总体要求，提供项目策划咨询报告、概念性设计方案及设计要求任务书、代理建设单位完成前期报批手续，还应关注工程建设全过程的各种咨询业务，包括为建设单位提供的专有咨询、为总承包商提供的优化设计咨询，深化设计咨询、仿真计算咨询、专有技术咨询等各类咨询服务。要充分认识咨询的价值作用，让咨询为企业扩展业务、提升品牌价值、增加收入、创造收益等提供支撑。要加强咨询策划能力的培养，强化培训、整合咨询社会资源、开展实践，快速提升咨询策划能力。

第三，要补全管理短板。应该看到，国际上通行的全过程工程咨询收费中，完成前期策划与设计的收费仅占到 50% 左右，而建设过程的管理服务收入却占到一半，目前后者却是我们的短板。实施建筑师负责制，将为我们创造良好的机遇。未来的建筑师（含各类设计师）不光要完成设计，还要跟随施工建设，参与代表建设单位施工过程管理，包括施工招投标管理、施工合同管理、施工现场监督、主持工程验收等。未来的建筑师应能起草施工招投标文件，应能组织编写技术标书，还要代理建设单位进行施工合同管理，代理建设单位对承包商发布指令。通过检查、签订、验收、付款等方式，对施工质量、进度、成本进行全面监督和协调，代行监理工程师职责。建筑师全过程参与现场服务，也将改变建筑设计企业的管理方式。

除施工过程管理，建筑师还应参与运维管理，组织编写建筑产品说明书，督促、核查承包商编制维修手册，指导编制使用后维修计划，开展使用后评价服务，在更新改造和拆除中，建筑师也可以提供各种服务。

围绕"设计＋咨询＋管理"大设计理念，强化以"为建设单位提供服务"为核心，必将为建筑设计行业未来发展带来新变化、新业务、新收益，促进中国建筑设计行业持续健康发展。

2. 拓展"全过程"服务

改变对工程建设"投资、设计、施工、运维"一体化的观念，强调为工程建设产品全寿命周期提供服务。其是指按照全过程服务的理念，积极在工程建设的规划、策划、设计、施工、运维、更新和拆除全过程参与服务，即"参与规划、提供策划、完成设计、监管施工、指导运维、延续更新、辅助拆除"。这既是中国建筑设计行业改革的需求，也是自身发展的良好机会，更是一种挑战。

拓展"全过程"服务，将极大地拓展建筑设计行业业务范围，从传统单一的设计阶段，拓展到全过程服务，业务增长将是巨大的。需要建筑设计企业关注新业务，如城市设计、前期策划、设计优化、施工过程监管、参与运营管理、参与城市更新改造、参与绿色拆除等。而业务范围的扩大，也将带来收入构成的变化，相应效益也将得到提升，是一次转型的极好机会。

对参与工程建设全过程服务，全行业的能力还有较大欠缺和不足，要想达到理想状态，还需要补充很多短板，还需要很长时间的磨合。但只要做就会有进步，就会有效果。过去的不足是没有需求、没有引导、没有市场造成的。效仿中国的高铁，只要坚定信心、正视问题、解决问题，就一定会迎头赶上。

3. 树立"大建筑"思想

中国建筑设计行业已经纳入了建筑业发展范畴，是国民经济支柱产业建筑业的组成部分。未来建筑设计行业需改变传统建筑设计行业的观念，要在工程建设的各方面参与服务，也可以渗透到建筑业的各业务领域。对具备条件的建筑设计企业可以考虑开展工程总承包业务、参与勘察测量业务、参与工程监理业务、参与造价咨询精算业务、参与专有技术服务业务，同时需要在建筑设计中少开"天窗"，少见专项设计，全面参与幕墙、装饰、照明、智能化、消防、环境、景观园林等各类专项设计。全面把控建筑整体品质、质量，是新时期的新需求。多元化经营、多元化业务，必将带来多元化的变化。企业既需要有多元化的战略规划、多元化的资源配置，还需要有多元化的管理、多元化的人才与能力培养，为企业带来多元化的收入与效益。"大建筑"将为中国建筑设计行业带来新的发展空间。

4. 培育"大土木"理念

未来中国建筑业发展的主旋律是市场化和国际化。企业资质未来总的趋势是优化、简化。对中国建筑设计企业来讲，要解放思想，要致力于进入大土木领域，应充分考虑涉足市政工程、桥梁工程、公路工程、轨道交通、地铁等土木类工程，积极引进资源、引进人才，为开展这些业务创造条件。一是，如有条件现在即可申请相关设计资质，争取进入；二是，联合有资质的单位，探索开展相关业务，培育人才、积累业绩；三是，积极培育积累业绩经验，为未来放开资质做好准备。目前，应创造条件积极参加海绵城市、综合管廊等业务，创造条件争取突破。

5. 实现设计施工一体化

建筑业未来的发展，不论采用哪些建设形式，如工程总承包、全过程工程咨询，建筑师负责制等，均涉及设计与施工的融合，都要考虑设计施工一体化，中国建筑设计行业要积极应对。一是要将建筑设计融入总包管理，服从总包统一安排，为总包提供服务，建立总包思维；二是作为建设单位代理，需要与承包商建立良好关系，统筹协调好各方利益；三是紧跟具有总包和海外优势的施工企业开展总包业务和海外业务；四是为具有总包和海外业务的总包提供设计咨询管理服务；五是积极开展设计优化、深化业务，为总包提供增值服务，拓展业务范围，扩大增量，增加收入；六是利用设计施工融合，积累经验、补齐短板，为全面实施全过程工程咨询和建筑师负责制创造条件、积累经验；七是积极拓展为施工企业提供的设计服务、策划咨询，通过施工企业加大业务增量；八是关注为施工企业提供仿真计算的能力，争取开展相关业务。

6. 追求品质价值提升

要建设具有中国特色的社会主义现代化强国、打造"中国建造"品牌、提升建筑设计水平、加强建筑设计管理、适应社会主要矛盾改变、解决中国建筑设计发展不平衡与不充分的问题，最根本的还是要通过改革创新，通过提升品质、质量和效益来实现；需要遵循适用、经济、绿色、美观的建筑方针。中国建筑设计行业，要不忘为社会提供功能适用、经济合理、安全可靠、技术先进、环境协调的建筑设计产品这一初心，牢记为全社会人民日益增长的美好生活创造舒适环境作品，为建设单位及工程参建各方提供优质服务这一使命。一是要适应社会主要矛盾发生的变化，超前研究建筑使用功能、技术需求、美观要求发生的变化，提升建筑设计标准，满足不同阶层人们使用需求；二是充分利用现代新技术、新材料、新手段，打造具有时代特征的新产品；三是超前研究新兴技术对建筑产品的影响，尽早策划人工智能，数字经济在建筑上应用研究；四是关注新建筑类型建筑，适应社会养老、数字经济、共享经济建筑需求；五是关注建筑产品性价比需求、关注建筑经济、适应限额设计需求；六是关注建筑技术，提高建筑舒适度，节约建筑能源；七是关注建筑细节，充分发挥工匠精神，多出精品、多创品牌。

（二）深化改革促转型

新常态下，面对数量规模占比超大失衡的中国建筑设计行业，面对房建市场的限制因素增加、市场规模下降的情况，如何在未来发展中增加新的功能？如何增加全行业的市场空间与效益？答案只有一个，那就是深化改革。深化改革是破解未来中国建筑设计行业发展瓶颈的关键一招。

1. 加快组织模式改革

国务院《关于促进建筑业持续健康发展的意见》要求，加快建立完善工程建设组织模式。一是加快推行以设计为龙头的工程总承包，用总承包带动建筑设计企业快速发展，将设计融入总承包，树立设计为总承包服务的理念。通过总包业务拓展服务的内容与范围，对有条件的建筑设计企业可以探索开展以设计为龙头的总承包，从源头介入工程设计、掌握主动权、发挥设计价值优势，扩大企业规模。二是积极参与全过程工程咨询培育。整合社会资源，引进复合型人才，积极开展全过程工程咨询业务。争取在规划、策划、设计、施工、运维、改造、拆除等全过程开展业务。三是积极参与建筑师负责制试点，争取在民用建筑中充分发挥建筑师主导作用，积极为建设单位提供全过程工程咨询服务。要从与国际接轨的角度出发，深入研究施工图技术设计与深化设计规划，及早准备、适应转型。

2. 资质制度改革

从优化资质资格管理的角度出发，大幅度减少勘察设计企业资质限制。一是对行业资质进行压缩，对数量极少、类同行业资质进行合并；二是压缩专业设计资质；三是建议将建筑设计专项改为深化设计专项资质，设计资质回归建筑设计企业；四是建议取消全行业综合甲级资质，设立分类别综合甲级资质，如土木类、交通类、航空航天类等；五是有序发展规范个人执业事务所，推行个人执业保险制度；六是放宽企业资质与个人注册要求，提高注册师考试通过率，保证企业资质申报通过率；七是向偏远、相对落后地区倾斜，为区域经济协调发展提供支持保障。

3. 招投标制度改革

放开非政府投资项目出资人的招投标自主权。严格界定招标工程建设项目范围。鼓励境内外设计企业同权参与招标，取消境外企业招标优先条件。鼓励开展方案竞赛招标或设计团队招标，将设计服务取费招标与方案优选区分开来，最大限度保护设计知识产权。提倡有偿招标及招投标交易全程电子化。对依法通过竞争性谈判或单一来源方式确定的中标项目，审批上要给予方便。

4. 体制改革

鼓励符合市场竞争状况和企业实际情况的各种形式的产权制度改革。加快混合所有制经济改革步伐。放宽国有企业与私营企业整合限制，采取多种形式，鼓励体现知识价值，倡导企业股权多元化，鼓励企业管理层与骨干持股，鼓励企业间的强强联合，鼓励具备条件企业探索上市。进一步完善现有企业治理结构与管理体制，提高企业运营效率，增强企业竞争力。改革中应充分尊重企业员工的选择权、知情权、参与权。

5. 组织机构改革

要探讨与企业从事业务相适应的组织机构模式，大型、中型企业可以探索集团化管理模式，反对组织机构模式单一化、一刀切，鼓励企业建立适应项目管理模式的矩阵式组织结构，力争与工程总承包、全过程工程咨询及建筑师负责制模式相协调。鼓励建立专业化与精细化相互协调的组织模式，充分发挥企业名人、名师及技术骨干作用，鼓励建立个性化名人工作室。

6. 保险制度改革

积极探索适应新模式的保险制度。深入研究工程总承包模式下的保险制度，厘清建设单位、总承包商、分包商之间的相互保障关系，各司其职、避免重复、提供保障。积极探讨推行建筑师负责制模式下的保险机制，研究企业、团队与个人保险的关系，借鉴国际经验，确保保险发挥作用、规避企业风险。

7. 收费制度改革

积极探索在市场收费完全放开条件下的收费机制。探索适应新工程建设模式下的全过程工程咨询服务收费原则，在保证依法合规基础上，借鉴国家成熟经验，制订收费原则指导意见，成为保障工程质量安全条件下的最低收费原则。

（三）拓展国际新领域

按照党中央、国务院的部署，未来建筑业的方向既要强调市场化也要关注国际化。要加快建筑业企业"走出去"，加强中外标准衔接，提高对外承包能力，鼓励建筑企业积极有序开拓国际市场，政府要加大政策扶持力度，重点支持对外经济合作战略项目，这既是对建筑业整体的要求，也给中国建筑设计行业提出了新的课题与要求，更为中国建筑设计行业未来发展创造了极好的机遇，全行业应充分提高认识、积极应对。

1. 明确定位做好规划

要根据各企业实际情况，全面深入分析总结企业参与国际业务的优势与不足，解放思想、统一认识，坚定企业"走出去"信心与决心。首先确定企业是否具备"走出去"的条件，分析相关资源配置是否可以满足？经过争取是否可以满足？其次要决定企业"走出去"方式。对于企业能力较强，资源配置较好的企业，可以考虑采取独立"走出去"的方式；对于能力一般，资源配置还需要持续补充的企业，可以采取"搭船出海"或"借船出海"的方式走出去。依托具有实力的海外投资机构或总包企业，借势出海。对于暂时不具备能力、资源配置不到位的企业，也要积极关注国际化业务，想办法先在国内寻找机会，采取与境外设计公司合作，承担国际投资项目，参与以国际规则实施项目总包的项目，锻炼、培养自己的国际化能力。要制订统筹计划，最好从顶层设计来编制企业"走出去"战略规划，必要时可以考虑聘请专业咨询公司和专家，给予策划指导，使之更有前瞻性、可行性与可操作性。适时对企业国际化战略进行评审调整，使之更加有效，更接地气、更具有可持续性。

2. 明确业务承接方式

依据企业国际化业务规划，重点确定企业"走出去"国际化业务重点。对于建筑设计企业来讲，主要关注六方面业务：一是配合国内在境外投资项目的机构和企业，做好国际业务的项目策划与设计工作，促进项目成功实现。二是配合在境外承担项目总承包的企业，做好项目设计总包管理与设计深化工作。三是具备条件与能力的设计企业，可以独立承担境外设计业务。四是配合中国对外经济合作战略项目，开展境外设计咨询管理业务。五是承担境外投资项目，在国内按国际通行规则实施的设计业务。六是与境外设计企业合作承担各种国际设计业务。但不论以何种方式承接国际业务，均要以"与国际通行规则接轨、拓展企业国际业务范围、提升企业核心竞争力"为目的。

3. 优化整合国际资源

积极为企业国际业务的开展做好资源配置。要从战略高度关注国际业务关系、人脉、队伍、知识等资源配置情况。重点从以下几点加以考虑：一是加强国际化人才培养与引进，广泛吸引优秀人才从事国际化业务，包括技术人才、商务人才、外语人才、法务人才等各类人才。二是注重国际人才属地化政策的实施，积极从属地吸引人才。三是积极构建国际化业务关系网络，包括项目、采购、法律等多个方面。四是建立国际化组织机构。五是掌握国际化标准，做好中外标准对标分析，熟悉掌握项目所在国相关法律等。

4. 积极拓展国际业务

国际业务的拓展应本着先易后难、先发展中国家、后发达国家、先熟悉地区与业务、后新兴业务的原则，多接项目、多成项目，积极开展项目实践，为未来国际化业务的开展创造积累经验。

5. 接轨国际业务规则

关注国际化业务与国内业务的差异变化，积极根据国际通行规则开展项目。一是从组织模式上，按国际通行的模式组织国际业务，适应国际通行的 EPC、DB 等模式。二是从管理方式适应国际化，按国际通行条款满足项目管理要求。三是从设计阶段适应国际化要求，关注设计管理，设计优化与设计深化。四是从设计标准适应国际化要求，注重标准国际化。五是从社会、文化、语言、风土人情等方面，适应国际环境。

6. 防范国际业务风险

国际化业务对建筑设计行业来说还是一个全新的课题。我们的经历、阅历、经验都十分有限，其中的风险必然很大，所有"走出去"的企业均需要十分关注国际业务风险，包括所在国的政治风险、战争风险、经济风险、汇率风险等，做到真正的防患于未然。

（四）依靠科技提水平

当前，世界新一轮科技革命和产业变革兴起，抢占未来制高点的国际竞争日趋激烈。随着进入新时代，我国经济结构深度调整，新旧动能接续转换，已到了只有依靠创新驱动才能持续发展的新阶段，比以往时候都更需要强大的科技创新力量。要把科技创新摆在中国建筑设计行业发展全局的核心位置，以新发展理念为引领，深入实施创新驱动发展战略，加快培育壮大新动能，改造提升传统动能，推动建筑设计行业向更高水平发展。

1. 建立完善科技创新体系

着力改变建筑设计企业"重业务、轻科研"的现状，从宏观战略层面加大对科技创新的认识。一是建立完善新的科技研究机构，配齐相关技术人才，积极争创国家、省、市级技术中心。二是建立完善企业科技创新实践中心，构建建筑设计原创中心、绿色建筑设计研究中心、装配式建筑设计研究中心，BIM技术中心等各类研究中心机构。三是成立专业技术集成研究机构，发挥专业特色，构建各具特色建筑研究中心。四是注重企业基础实验室应用建设，为基础科学与应用科学研究提供场所条件。五是建立企业科技技术人才体系，培养各类专业技术骨干。六是构建金字塔型科技人才队伍。七是培育企业领军人物，争取多出大师、院士。

2. 增加企业科技投入

建立企业科技研发基金制度，保证企业科技研发经费。积极争取国家、省、市级科技研发项目；与具有实力的企业和大学进行科技联合，多方争取科研经费；建立企业研发经费保证制度，提取企业营业收入按照一定比例作为研发投入，保证科研工作顺利开展。

3. 积极争取科技奖项

科技创新要多出成果、快出成果。积极对接国家、省、市级科技奖励机制，积极申报国家、行业、地方科技奖项，总结归纳科技成果，争取高奖励，激励科技创新。

4. 注重基础科技研究

结合企业特色、特长，对涉及建筑设计前沿的基础科学进行研究，取其之长，获取成果，加强应用，引领行业科技进步。

5. 扩大科技创新激励

充分利用科技奖励股权和分红激励，科技成果转化收益等政策，鼓励科技人员创业，扩大企业薪酬分配自主权，激励科技创新热情、激情，形成科技创新高潮，带动企业科技水平的提升。

6. 关注新兴科技领域

高度关注现代新兴科学技术发展，密切关注互联网、物联网、BIM技术、人工智能、大数据、云计算、机器人等新兴技术对建筑及设计单位的影响，超前关注、超前研究、超前应用，占领科技制高点。

（五）强化管理练内功

对中国建筑设计行业企业发展而言，外部宏观、中观、微观发展环境至关重要，但自我改革完善也十分重要。要在适应外部环境的同时，重视强化管理、苦练内功，提升自我能力，真正做到"打铁还需自身硬"。

1. 组织结构管理

在突出"大设计"理念、拓展"全过程"服务、树立"大建筑"思想、培育"大土木"思维的总体发展思路下，建立适应企业发展的组织结构很有必要。统筹企业组织机构建立机制，对于大中型建筑设计企业，有必要考虑构建集团式管理机构平台，对各业务线进行统筹管理，充分发挥专业优势实现资源利用最大化。对于中小型建筑设计企业，有必要以专业工作室为基本单元，利用企业营销中心及经营部门进行协调统筹。未来建筑设计企业，应以"企业管项目、以项目为中心"构建矩阵式组织机构，提高企业项目管理水平。

2. 质量体系管理

高度重视企业品质质量提升，依据企业现状及特点，完善企业质量体系管理，要真抓、真管、真做，要建立企业质量保障组织，完善整改措施，持续提升企业质量。

3. 环境体系管理

高度重视环境体系的建立。不断增强环境意识，采取预防措施，关注环境保护，避免对环境造成污染。

4. 职业健康安全管理

关注健康环境建设，注重企业生产环境的改善，建立职业健康监督评价体系。从源头上防止职业病的发生，特别是从事施工现场服务的人员，更要注重劳动保护，确保员工健康安全。

5. 人力资源管理

制订企业人力资源发展规划。明确企业用人需求及数量，坚持"培养、引进、整合、多措并举"的原则，多方引进人才，整合社会资源，为企业发展提供人力资源保障，建立与企业发展相适应的薪酬体系，注重运用股权、期权与股权激励等长期激励手段，起到用好人才、留住人才，发挥人才的作用。

6. 财务资金管理

高度重视"营改增"政策的调整对建筑设计企业的影响。合理进行税务策划，加强财务核算管理，提升企业融投资能力，关注企业财务风险，提高企业资金效率。

7. 信息系统管理

运用高效、安全的信息化系统网络，是现代建筑设计企业的基本特征。要高度注重企业信息化建设。一是要建立适用企业各方需求的平台系统，完善企业办公、财务、科技等各个系统。二是关注数据财务一体化建设，实时反映企业经营财务效益状况。三是建立企业知识系统，利用大数据为企业提供各方需求。四是构建完善企业协调系统，注重三维系统及 BIM 技术的应用。五是高度关注企业信息化安全，防范风险。六是持续推进企业软件正版化。

（六）凝聚文化创品牌

在关注企业硬环境建设的同时，建筑设计企业还需关注软实力的提升，要发挥文化品牌的力量，推进企业文化发展。

1. 文化建设

要建设良好企业文化，注重企业文化氛围，从思想道德、职业道德和职业情操教育入手，提高员工爱企、爱岗热情，用社会主义核心价值观引领企业文化，提升企业文化观念、价值观念、企业精神、道德规范、行为准则、历史传统、企业制度、文化环境、企业品牌等水平。坚持"追求卓越、追求创新、追求改革"的价值观念，弘扬积极向上的企业精神，促进企业文化品牌的提升。

2. 品牌建设

品牌建设是对企业品牌进行设计、宣传、维护的行为和努力。在日渐讲究诚信，十分注重品质、质量，强调工匠精神的今天，品牌建设对企业而言变得十分重要。要对企业品牌做挖掘、总结、提炼工作，要采用"注重名牌产品、突出品牌宣传"的方式，充分利用现代媒体，宣传企业品牌，更要关注品牌维护，维护品牌，让品牌发扬光大。

3. 和谐环境

要关注企业发展环境中的和谐。要处理好与企业利益相关方的和谐关系，关注政府、建设单位、合作方、总承包方、分承包商、供应商等各方利益的平衡；还要关注企业内部友好环境的建立，协调好领导者、管理层、员工层等各方的关系，提高员工幸福感和满意度。

4. 福利尊严

要提倡尊重知识、尊重人才。要让设计师有体面地进行工作，为其创造良好工作环境，拓展员工合理福利，努力提升员工薪酬待遇，注重员工集体健康，用提升效率代替无休止加班、加点，让员工充满幸福感。

5. 诚信体系

讲诚信是未来企业的生存之道。要建立企业诚信体系，构建诚信文化、信守承诺、保证质量、关注品质，让诚信为企业留住客户、形成品牌。

6. 名人效应

高度关注企业名人的培养，为名人工作和生活提供便利条件。让名人做名品，创品牌，引领企业不断取得新发展。

第二节　现代建筑设计的特点、原则与内容

一、现代建筑设计的特点

现代建筑是指 20 世纪中期，在西方建筑界居主导地位的一种建筑思想。这种建筑的代表人物主张：我们建筑师要摆脱传统建筑形式的束缚，创造适应于工业化社会要求的崭新建筑。它具有鲜明的理性主义和激进主义的色彩，又称为现代派建筑。

建筑是人类文明的重要组成之一，不仅受人类居住要求的影响而不断的发生了变化，还受到各种政治、经济、文化关系等因素影响。现代建筑发展于 20 世纪，其思潮的形成已经早在 19 世纪就已经孕育了。很多设计者挟建筑师之名却投身于室内设计的范畴内，确实拥有着有利条件。专业设计师，不局限于对家具配搭上的安排，更重要的是懂得如何把装修工程联系起来。现代建筑是新风格建筑中有思想深度的令人注目的建筑类型，尽管

在数量上寥寥无几，但是正是这数量不多的作品，使得中国近代建筑历史中现代建筑价值观念的发展方向更加明确。18世纪中期工业革命在英国开始，新技术、新机器的发明和新能源的使用都直接影响了城市规划和建筑发生了改变。

现代建筑的代表人物倡导新的建筑美学标准。标准包括表现手法和建造手段的统一；建筑形象的逻辑性；建筑形体和内部功能的配合；简洁的处理手法和纯净的体型；灵活均衡的非对称构图。现代简约风格的特点：金属是工业化社会的产物，也是体现简约风格最有力的方法。各种各样不同形状的金属灯，是现代简约派的代表物品。简约空间，色彩要跳跃式地呈现出来。运用大量的大红、深蓝、苹果绿、纯黄等高纯度色彩，不仅是对简约风格的遵循，也是个性的体现。提倡新建筑美学标准，包括：表现手法和建造手段的统一、建筑形体和内部功能的配合、建筑形象的逻辑性、灵活均衡的非对称构图、吸取视觉艺术的新成果、简洁的处理方法和纯净的体形。建筑设计中经常遇到一些住宅面积较小，能被个人拥有的空间不多的问题。因此，在空间的运用上，我们采用简单的手法去处理，以达到增大空间的效果。所谓的简单，是泛指采用一种简约的格调，主张采用不花巧的线条，不复杂的材料，打造一个自然舒适的场景，来增加视觉空间感。

现代建筑思潮产生于19世纪后期，成熟于20世纪20年代，在20世纪50—60年代风行全世界。20世纪70年代以来，部分文献提到现代建筑时，还加以"20年代"字样。现代建筑有3个特征：具有象征性或隐喻性；采用装饰；与现有环境融合。20世纪60年代开始，有人认为现代建筑已经过气，认为现代建筑基本原则虽然正确，但需要补充修正。后现代主义作品可以用以下事实获得鉴别：不同风格，无论是新与旧，都被加以折中主义地合并在一起，并采用现代主义的技术与新材料使其得到强化。

建筑风格的变化不是跳跃和突变式的。现代建筑的大多数作品的风格目前处于这两者之间的过渡状态，就是在现代主义作品出现之前以及出现的同时，这种"中间状态"的现代建筑一直都是构成现代风格建筑的主体组成，这就说明在近代，中国的现代建筑仍处于先锋作品时期，而处于中间状态的现代建筑却经过了充分调整和发展后，成为中国早期现代作品的主体。生活和社会的发展，铁路、工业厂房、银行、办公楼、电影院、车站、航空港、实验楼等是没出现过的。而原来已有的一些类型，如医院、旅馆也发生了明显的变化。同时，历史上的坛庙、宫殿、陵墓退居次要。

现代建筑是整个20世纪建筑风格运动的中心。它不仅影响了整个世纪的建筑思潮和建筑活动，也改变了物质世界的原有面貌，进而带来了当代的许多新的设计风格运动。而且形成了形形色色的新流派、新风格。比如后现代主义风格、解构主义风格等。这些新的建筑思潮都与现代建筑有着千丝万缕的复杂的联系。因此，想了解掌握世界建筑发展的过程，需要全面认识，并透彻的了解现代主义是必要的。

现代建筑在我国的发展可以分为两个部分。一部分，以满足人们使用的基本功能为宗旨，实用性强、速度快、不重视装饰，有较高的设计水平。而另一部分，因为很多地方上缺乏专业技术人员和丰富的建筑经验，盲目的施工，造成了很多事故。这说明当时我国的整体建筑水平存在比较大的差异。目前从世界建筑发展来看，现代建筑长期以来一直占据着主流地位。现代建筑发展伊始的一部分建筑大师所提出的建筑标准，一直到现在还在影响着很多建筑师的创作。我们仍要深刻地对现代建筑设计进行研究来获得新的创作灵感。

二、现代建筑设计的原则

现代建筑设计的基本原则：以人为本原则。主要包括：一是甲方，即建设单位的利益。建筑设计中应充分考虑甲方对项目功能及经济性的要求。二是使用者的利益。使用者有时候是甲方，绝大多数情况下不是。使用者的职业各不相同，数量也不同。满足每个使用者的生理及心理需求的建筑师不可推卸责任。三是施工单位的利益。这里面也包含了对施工企业施工的经济性及便捷性、安全性的考量。同时也要照顾到农民工、设备安装人员和包工头的利益及安全。整体性设计原则。就是要充分考虑建筑物的各种组成部分和各种功能需要，作为一个整体，体统性的研究其构成及其发展规律，从相互依赖、相互结合、相互制约的整体与部分的关系中体现建筑的特征和规律。绿色环保原则。目前大中城市普遍存在林木稀少，楼房与人口日益密集以及大气污染，水污染等一系列的城市环境问题，城市生态环境的恶化，影响居民的健康与生活。建筑师在进行设计时应当充分考虑设计区域的自然条件，利用城市的自然地貌特征和原有的植被、水体、花卉等，本着保护和恢复原始生态的原则，按照体现不同城市特点的要求，尽可能的协调绿地，水体和建筑物之间的关系。

三、现代建筑设计的内容

（一）太阳能的利用

随着科技的进步，人们将发展目光转移到自然能源的转化与利用上，如太阳能。太阳能能量的产生主要是将其自身所散发的光热转换为能够供人们利用的能量。从转换装置的类型上划分主要可分为两种：一种是平板式集热器；另一种是聚光式集热器。当太阳光直射在安装有转换装置的建筑物时，该装置通过在黑色表面上的反射镜或者透镜聚集光热，集热板可自行将吸收光源转换成热量，通过空气的流动带动热量的流动，送至每个居住或者办公空间。此外，光电转换是太阳能的另一优势，主要是通过专业的光电设备，将所收集太阳光热能量转化为电能，供人们日常用电。目前，市面上常见的光电装置为硅电池板，硅晶材料在光的照射下释放电子，从而产生光电效应，多被应用于汽车、计算器等方面。

（二）环保性建筑材料

环保型材料主要有基本无毒无害型。指天然的，未经过污染只进行了简单加工的装饰材料。如石膏、滑石粉、砂石、木材、某些天然石材等。低毒、低排放型。指经过加工、合成等技术手段来控制有毒、有害物质的积聚和缓慢释放、因其毒性轻微、对人类健康不构成危险的装饰材料。如甲醛释放量较低、达到国家标准的大芯板、胶合板、纤维板等。

（三）选择合适的建筑环境

在对建筑环境进行选择时，首先，应对其周围土壤因素进行排查，避开含有毒、有害物质的区域，以适宜的地表温度、纯净的地下水等为标准，进行环境的选择。其次，在对建筑空间内部进行装饰设计时，减少对人体有害的建筑材料和装饰装修材料的使用，确保整个空间内空气的流动性以及温度的适宜性，为居住者营造健康、舒适、温馨的居住环境。

（四）减少能源消耗及资源浪费

建筑设计的能源消耗主要集中在设计和材料选择两方面，在建筑设计前期时，应根据国家相关环保标准，对所选择材料进行严格的制定和筛选，材料应以低能耗、高性能、经济性的为主，同时，还应满足建筑的使用功能和结构安全。在建筑设计过程中减少能源消耗及资源浪费，一方面，注重材料在实际应用过程中的节能环保；另一方面，还应将建筑材料本身的消耗量纳入其中，回收利用率较高的建筑材料，在材料的选择上也应该尽量就地选材减少运输过程中的消耗和污染。

第三节　现代建筑设计的构思与理念

一、现代建筑设计的构思

随着经济的发展以及科学技术的进步，传统的建筑设计理念受到了冲击，同时，随着人们对于建筑的要求也在不断地提高，并且这种要求是不再只是功能性的满足，这种要求是多样性的。因此，现代建筑设计设计构思需要不断开拓进取、不断努力创新。一个融合了形象与概念、感性和理性的建筑设计作品才是具有多元创造性的作品。运用创新性思维使现代见着设计散发生机和活力。现代建筑设计应该被赋予灵魂，灵魂即来源于现代美学意象所表现出来的人文精神象征意义以及现代价值观的具体体现。

（一）现代建筑设计创新构思的必要性

1.现代建筑设计的现状

第一，建筑设计作品缺乏生机和活力。这种情况的产生有很多原因，首先来自设计师自身的原因。设计师是建筑设计的主体，主观能动的缺少创造性，只能一味地重复传统设计思路，导致建筑设计一成不变；其次设计人才培养的过程中，或者在日后的设计过程中，受到书本定式、经验定式、从众定式以及权威定式等思维定式的左右，问世作品差强人意。第二，"崇洋媚外""盲目抄袭"之风盛行。很多设计者没有真正认识到中国传统建筑设计文化的精髓，一味地追寻国外设计风格，陷入其中不可自拔，设计作品缺少民族归属感，更有甚者，对具有独到见解的建筑设计照搬照抄，长此以往，我国现代建筑设计必然走向枯竭和衰败。第三,时代特征,功能性需求设计偏多。虽然当今社会建筑物建造数量之多、建造速度之快,但是中国特色社会以及经济的发展时代特征决定,现在建筑在设计上更加注重高度上的发展,主要满足社会刚需为主的设计要求约束了设计人员的思维,最终体现地域特色和有特点的建筑物十分罕见。

2.现代建筑设计创新构思的意义

建筑设计产品不仅仅作为一种使用工具而存在,建筑设计也不仅仅追求符合科学计算、产品经久耐用。纵观古今建筑横看中外建筑,从某种意义上证明,建筑更是民族文化艺术重要组成内容之一。建筑作为人类生活环境的主要构成元素,建筑设计作为一种社会艺术,其创作构思不可在孤立中形成,更不能是思维定式、墨守成规的。现代建筑设计理应是崇尚创新、提倡创新的,在实践过程中,现代建筑设计需要通过创新性的构思为建筑设计注入新鲜血液,推动现代建筑再创行业辉煌。

(二)传统与现代建筑设计的差异

1.建筑设计特点

相较于传统建筑设计单纯讲究实用性、技术性而言,现代建筑设计更加强调的是融合经济、人文、艺术、科技等因素,其设计作品更具有系统性和全面性的特点。例如企业商业性建筑的设计,首先在设计上除了考虑如何实现最大化的空间实用性,设计构思中还要植入企业所属行业的特征、所属时代的特征以及所属城市环境等,在保持整体统一性的基础上突显设计上的个性化;其次是"以人为本"的设计构思,这一点实际上是对传统设计特点中实用性特点的升华,更为人性化的创新构思满足发展中不断更新的人类实际需要。例如人们对于生活中健康性的保障,要求建筑设计对建筑材料的考量;例如人们对于车位需求以及进出车辆与行人安全需求,要求建筑设计在空间维度上的考量;建筑设计对于采光、观景角度等方面的考量比重也日渐提高。

2.建筑设计手段

现代建筑设计的是基于计算机科技手段上的设计,相较于传统纸笔作图的设计手段,通过计算机自动加工数字软件和模拟三维设计技术,在设计效率、设计质量和设计水平上都得到了很大的提升。尽管如此,传统的设计手段是不应该就此被抛弃的,机械的计算虽然精准但是缺少了感性地融入,纸笔作图虽然是低效率的、无立体感的,但是要知道纸笔作图通过大脑思维与双手操作过程融入了设计者感性的思考,设计灵感也许就在这笔的一起一落间迸发。

(三)传统与现代建筑设计构思理念的反思与继承性创新

传统建筑设计受到经验论和规范论的局限性较大,固定的模式和范围限制了设计者的自主创新,久而久之造成了构思创新源泉的枯竭,现代建筑设计则是以倡导思变、突破为构思宗旨。现代建筑设计注重的是在对建筑理论的继承和反思中寻求灵感的突破口,跳出重复性和习惯性思维定式以及设计理念的刻板印象定式。首先是建筑设计思想理念的继承，我国传统建筑水平曾经一直领先于西方国家，并且在建筑技术上也绝不逊色于其他国家，这一点完全可以证明传统的建筑设计有其继承学习的价值。例如"天人合一"的思想理念、"衡变兼容"的思想理念以及中庸的思想理念，正是以这些设计理念为基础的设计构思创造了我国古代建筑辉煌的历史成就，成为后世的标榜以及另国外设计者叹为观止的文化瑰宝。其次是建筑设计思想理念的反思，近现代我国建筑设计与西方国家的建筑设计相比存在一定的差距，缩小这种差距的方式不是盲目地崇拜，甚至说完全将西方国家的设计理念运用到设计中。借鉴性的学习是有必要的，但是在反思中寻求新的设计方向也是必要的。

（四）现代建筑设计创新构思的思路

1.科技技术与建筑设计的结合

（1）数字技术在设计手段上的体现。作为新锐的建筑师，弗兰克·盖里运用电脑扫描将模型数据转化为施工图纸，再将它分解为每一块工程制作的铁合金外墙板，最终完成了毕尔巴鄂古根海姆美术馆的设计与建设。可见，数字化技术可以并且应该更多地应用于现代建筑设计中，创造性地将数字化技术与建筑相结合。数字化科技技术的运用在传统建筑设计时代是根本无法想象的，但是在当今这个科学技术飞速发展的时代，设计者应该大胆地运用与尝试，用科技的力量丰富建筑设计。

（2）科技在建筑设计产品中的体现。现代建筑设计向智能建筑发展，简单地说就是利用现代科学技术，例如智能计算机、多媒体现代通信技术、智能安保系统、智能环境监控系统、智能机器人等现代科技融入建筑功能性中，设计安全、高效、舒适、便利的建筑空间。简单举例说明，在建筑设计中尽可能地利用自然光、冷、热、大气的自然因素，通过环境监督调控技术实现建筑空间内温度、湿度的自动调节从而减少能源消耗，同时创造更任性的活动环境；再比如建筑空间内的安保监测智能化，不留死角的全方位监测以及危机报警机制的及时系统设置。智能化建筑虽然在投入成本上要高于不同建筑，但是随着科技的不断发展，智能建筑设计将成为趋势以及设计主流。

2.现代建筑设计与城市人文建设相结合

建筑不仅仅存在于物质形态上的使用的载体，某种意义上，建筑更是文化和精神形态的艺术观赏的载体；同时建筑设计不是封闭孤立的，建筑的存在是时间与空间、经济与社会、人与环境等诸多方面的统一综合的载体。首先作为艺术观赏的载体，建筑艺术必须具备一定的视觉冲击力和内涵表现力。例如市政建筑往往是一个城市的精神文化的象征，也是市民自豪感的来源。新美学意象与现代建筑设计理念结合进行创新构思，实现建筑对公众精神、城市精神以及聚合力连接的作用。其次作为统一综合的载体，建筑设计需要将外部对设计构思产生影响的因素考虑其中，使得最终的建筑产品在内在功能和外部环境都达到一个统一和谐的逻辑规律。将建筑设计与城市发展相结合，是现代建筑设计对于城市人文以及自然环境的尊重和认同。

3. 现代建筑设计基于实践性上的超越性创新

首先是建筑设计要遵循实践性原则，现代建筑设计创新构思的基础必然离不开实践性，正所谓"实践是检验真理的唯一标准"。其次是在已有实践性产品基础上的超越性创新。灵感是人们在构思探索过程中某种机缘的启发、可遇不可求的产物，但是建筑设计灵感不是凭空产生的，也就是说想象力是基于渊博的学识和丰富的经验的基础上，借助感性的思维进行创造性的创作，大多数个性化建筑设计的灵感来源于具有实践性产品基础上，对原有的思维、知识结构、各种信息等进行重新组合从而形成新的设计构思。以比较熟知的对象作为基础进行创新构思，也是一种超越性的创新理念。

现代建筑建设作为城市建设最为重要的环节，作为人类文明建设及文化发展最为重要的组成部分。在进行现代建筑设计构思时，应当充分将建筑的实用性与科技性及艺术性相结合，培养创新精神并勇于开拓创新。尤其在进入现代数字化、信息化的科技时代，建筑设计构思一定程度要具备时代特征，记录这个时代的存在并能体现一个时代变迁的历史意义。现代建筑设计在继承传统建筑精华的同时，也要勇于打破传统观念的桎梏，对传统思维及理论进行反思和认知，进行现代建筑设计的思想、理论等多方面创新构思建设。在当今以及未来的建筑设计中应更加注重建筑设计的个性化。当然，这种个性化是基于发展整体形势下的和谐统一的个性化，赋予设计者一定的创新构思空间。

二、现代建筑设计的理念

（一）现代建筑设计的基本理念

1. 住宅建筑主题的确定

在对住宅建筑进行设计思路的构思时，首先应该考虑到满足人们的居住需求，在功能性方面达到标准。因为住宅建筑是为人们提供工作和休息的场所，所以应该充分地考虑到人的感受，这是主体因素。在确定了主题因素之后，在综合考虑其他方面，从平面、立面、布线以及景观等多个角度全面考虑。其次，还应该对建筑的经济性进行考虑，经济指标既决定了建筑设计所需要花费的成本，同时还决定了舒适度的设计，只有在资金充足的情况下，才能够最大限度地满足舒适度的标准。

2. 住宅建筑外观的打造

每个建筑的设计都有其自身特有的风格，但是建筑并不是单一存在的，往往都是以群体的形式出现，因此在对建筑设计的过程中，要充分地考虑到与周围建筑的搭配，以及与自然景观的协调性。在建筑的材料选择、色彩的使用、造型的设计以及风格的表现等，都要在满足大环境的条件下进行设计。在外观的表现方面，注重对人文精神、文化特色以及主体元素的彰显，从现代人的审美观出发，既要和周围的自然环境与建筑相协调，同时还要表现出建筑特有的风格。

3. 住宅建筑合理、实用的功能

（1）平面方案的合理分区

客厅：客厅是人们在家庭生活中重要的活动场所，所以在设计时要尽量保证客厅的有效面积，提高利用率。尽量地减少走道的面积，增加可活动的空间，满足家庭成员的不同生活需求。

卧室：卧室是休息的主要场所，所以要保证卧室的通风与采光，然后卧室的布置要根据家具的尺寸，充分地满足休息的需求。

厨房：对于厨房的设计主要是考虑到管线的敷设，各种仪表的位置，空间的大小以能够满足生活需求为主，此外还要满足防爆防火要求。

卫生间：对于卫生间的设计主要应该考虑到给排水管道的布设，然后需要对空间进行合理的设计。在现代社会对于卫生间的设计要求越来越高，所以在空间设计上应该考虑到以后改造的需求。

书房、健身房：在有条件的住宅中，可以增加书房和健身房的设计，其设计主要是考虑到采光通风的需求。

（2）平面方案的质量功能

采光：不同地区应该按所在气候分区满足日照要求。住宅平面布置间距一定要通过计算，避免无直接采光住宅的户型。在北方寒冷和严寒地区尤为重要。还应该避免光污染和房间视线干扰的产生。

通风：尽量采用自然通风的住宅户型。在不能满足直接通风的住宅户型中，应该考虑侧向通风，防止局部死角造成的通风不畅；或在局部之中造成有害气体的集中排放。卫生间应尽量考虑自然通风。并按规范设计通风道。

（3）平面方案的设备功能

完善的住宅设计必须有好的设备配套。包括给排水、采暖、供电、电视、电话、网络、门禁等设施。其中弱电智能（网络、通信、保安、服务系统）住宅建筑在设计时必须将居住、休憩、交通管理、通信、文化、公共服务等复杂的要求结合起来，以计算机网络为基础，把各种变化因素考虑进去进行设计，以提高居民的生活质量和品质。

（4）公共设备系统

在总体因素上，要有完善的公共设施系统如变电所、水泵加压房、交换站（锅炉房）、消防控制室、燃气调压站等，还应该考虑数据交换站、保安监控室的合理位置布置。现代的住宅建筑中物业服务会所也是必须考虑的重要因素。

（二）住宅建筑设计中的主要问题分析

1. 采用错层式问题

对于面积较小的住宅应该尽量避免使用错层，因为错层会因为踏板的设计而浪费掉一定的空间面积，而且还会使本来就小的住宅空间显得更加局促。此外在地震区避免使用错层，在建筑规范中提到，对于地震区的住宅，为了保证建筑的结构稳定，对建筑的设计要尽量采用对称结构，避免不规则布局。

2.跃层的选用问题

跃层的结构设计在近些年来的住宅建筑中比较常见，主要是在独户式的一层住宅中采用垂直楼梯的形式，这种设计在功能上并没有多大的意义，主要是为了体现房间的气派和变化。但是对于室内有老人和小孩居住的情况下，要慎重选择，并且对于面积较小的住宅也不建议使用。

3.厨房和卫生间问题

厨卫管线布置缺乏协调。由于目前国家在厨、卫管线布局等方面没有严格的统一标准，造成各工种各自为政，各种管道的配置任意性大，各专业过分强调本身的特点，而不是服从使用功能，考虑放置设备及装修的要求。特别是煤气管任意穿行厨房，造成厨房布置橱柜困难；小面积住宅卫生间比例偏大。

（三）改善住宅建筑设计中问题的措施

针对住宅建筑存在的问题，根据实践经验住宅建筑设计采用如下的方法，可使住宅建筑更适合于居住。

1.套型的功能空间分离

在住宅建筑中，能够体现居住水平的就是功能分区的专用度。专用度越高，功能的质量也就越高。所以在对功能空间进行设计的过程中，要将私密空间和公共空间有效地分隔，注重各个功能区的专用度，将卧室、起居、用餐、学习、娱乐等各个功能区单独设置，在面积允许的条件下，还可以设计出其他满足生活需求的空间，提高居住的舒适度。

2.平面布局面的多元性、变异性和差异性

居住者层次不同，审美意向和价值取向不同，家庭结构各异，对住宅要求就不同：同一居住者不同时期对空间的使用也有不同的要求与选择，因此，在住宅建筑设计时，除了提供丰富多样的套型平面外。同时也要求住宅的平面布局能适应这种变异性和差异性。"部分灵活"的单元大开间，虽有固定的厨房、卫生间、入口和单元的形状，但可划分成不同的平面布局，满足不同层次的需要。

3.厨、卫布局完善合拍

对厨房的设计在考虑满足操作流程的空间之外，就要对厨房中必要的设备，比如微波炉、电饭煲等设置合理的位置，一般厨房的台面都会采用 L 型或者是 H 型。在对卫生间设计时，应该和住宅的整体面积相协调，对于坐便器、浴缸等都留出合理的空间。盥洗室分设后，上部空间可设吊柜，也可与厨房入口结合，留出一个完整的墙面作为用餐空间。

住宅建筑的设计风格能够充分地反映出一个时代的特征，是时代的缩影，从建筑的设计风格，可以体现出一个时期的政治、经济以为文化特征。这些都是外在的展现，但是最基本的设计还应该充分的满足人的居住需求，以人为本，在建筑的通风、采光全部达标的情况下，再考虑外观的设计。这就要求设计师不仅要有专业的理论知识，同时还要具有丰富的经验，并且掌握国际先进的设计理念，结合我国建筑的实际情况，不断地进行创新。在设计实践中不断地完善，才能够打造出高品质、舒适度好的居住环境。

第四节　现代建筑设计流派与美学规律

一、现代建筑设计流派

美国建筑自后现代主义诞生以来呈现出多样化的局面。后现代主义在20世纪70年代后期和20世纪80年代主导美国建筑界。与此同时，一批中青年建筑师不满后现代主义建筑观念和建筑形式，而逐渐形成一种松散的反后现代主义建筑的"联盟"，在这个联盟中有几位建筑师在建筑理论，尤其是建筑形式上的探索有某种相似性，从而在建筑论坛、评论和形式探索上成为核心。这个核心就是后来被人们称之为解构建筑师的几位主要人物，其中旗帜最为鲜明的就是艾森曼和屈米，这两位建筑师以德里达的解构哲学作为自己设计创作和形式探索的理论武器。1988年10月纽约现代艺术馆推出"解构七人展"，这七人是艾森曼、屈米、盖里、李布斯金、库哈斯、哈蒂德和蓝天合作社。但不久解构建筑就走向没落，七人联盟中除艾森曼和屈米大力推销解构主义建筑外，其余五人的实践与创作就不再与解构有什么联系了。

十余年来除解构主义建筑的探索以外，美国建筑界还有一批具有鲜明个性，对建筑进行创造性活动，对建筑的材料、地方性和技术等问题进行独立思考的建筑师。我们可以将其分为几大类，下面分别对它们做简单介绍。

（一）圣莫尼卡学派

圣莫尼卡学派的名称取自南加州洛杉矶市的圣莫尼卡区。该区是一个十分富裕的城区，其中居住着大批影视和演艺界人士以及各式娱乐公司人士。在这个区内还居住着一批时至今日在美国建筑界极有影响的建筑师，他们大都是些中年建筑师，成名时则相对地较为年轻。这些建筑师中最著名的要数盖里、摩菲斯集团的梅内、莫斯和法兰克·伊斯列等。盖里是这批建筑师中最有名也是最年长的，读者也许会注意到盖里也被选入"解构展"。由此可见盖里的创作是极丰富也是极有特色的，他在这十余年来一直处于建筑探索的前沿，因而被归入一些主要流派。盖里之所以被归入圣莫尼卡学派且被尊为始祖是因为在他的早期建筑中表现出所有圣莫尼卡学派建筑的风格。那么什么是圣莫尼卡风格呢？这主要体现在材料的选择及使用和组合方式以及对结构的形式美和构造联结方式上。由于南加州气候温暖，雨水较少，因此圣莫尼卡学派使用的材料大多是些不耐久的、经常可更换的、便宜轻质的材料，例如波纹板、胶合板、缆索、玻璃、塑料、铁丝网和混凝土的砌块。联系手法通常是简单暴露构件和结点。而且各种结点和部件从表面上看去比较轻盈甚至脆弱。其建筑形式有时甚至给人一种简易棚的感觉。

（二）机器建筑

与圣莫尼卡学派在设计思想和建筑造型上有些相似的是"机器建筑学派"，不过"机器建筑学派"所考虑的问题更为狭窄。1986年经过数年建筑实践，6位青年建筑师德纳里、克吕格尔、卡普兰、肖勒、普福和琼斯在长岛一家艺术展廊举办了建筑作品展，展览的主题是机器化的建筑。次年《建筑与机器》的小册子出版，从此德纳里为建筑界所重视。德纳里等人的建筑形式使用机器造型、机器构件、原理和制动装置。德纳里的"东京国际论坛大赛"获奖作品充分体现了"机器建筑"的内涵和意义。这件作品的形式是根据宇宙航行器、直升机、飞机、船这些浮在海上或空中的机器构造的。另一个称作霍尔特、欣韶、普福和琼斯的集团数年来做着与德纳里相似的工作，只不过少些航行器的形象，多一些工厂和机械形象。而当琼斯从该集团中分离出去另立小组后，琼斯设计了洛杉矶冷却工厂并于1995年落成，这是机器建筑派不多的作品之一，为同道们所称赞，为实验建筑的探索者所欢呼。

（三）建筑现象学派

建筑现象学派的主要代表人物为哥伦比亚大学教授斯蒂文·霍尔，十余年来霍尔一直做着美国建筑传统的研究，并将从传统中获得的精神注入当代设计中。霍尔的作品揭示了环境和场所的内在精神，得以使人领悟人生中真正具有的美好事物，这种境界的获得是与他采用的现象学思想方法分不开的。霍尔的设计思想包括对场所和感知的重视。他认为设计思想和概念是从感受到场所时孕育的，在一个将建筑与场所完美地结合起来的作品中，人类可以体会到场所的意义，自然环境的意味，人类生活的真实情景和感受。这样，人们感受到的"经验"就超越了建筑的形式美，从而建筑与场所就现象学地联系在一起。受法国现象学派哲学家梅罗·庞蒂的影响，霍尔的研究范畴从"场所"转向对建筑感知和经验的重视。他认为对建筑的亲身感受和具体的经验与感知是建筑设计的源泉，同时也是建筑最终要获得的。这有两个层次，一是强调建筑师个人对建筑的真实感知，通过建筑师个人独特的经历去领悟世间美好真实的事物；二是在此基础上试图在建筑中创造出一种使人能够亲身体会或引导人们对世界进行感受的契机。为达到真实地体验世界的目的，人们需抛弃常规和世俗的概念，回到个人的心智。霍尔的代表作品有玛撒蔓园宅、"杂交建筑"、福冈纳克索斯公寓等，这些作品都表现出他的建筑现象学思想。

（四）建筑乌托邦

伍茨是美国建筑界的奇才，若干年来他展示了一系列新乌托邦城市和建筑作品。他的作品大都是些地上或地下由金属材料和钢建造的巨型结构，其形象犹如科幻电影中的形象，有一种震撼人心的力量。他的作品到目前为止是不可建造的，基本上是由黑白或彩色铅笔绘制的表现图。他认为在今日的世界中人们必须寻找新的方法来组织空间，必须重建世界以便彻底地在其中定居。他喜爱使用现代技术、结构、材料和知识来创造具有科幻性的建筑作品。他的两件代表作品是"地下柏林"和"空中巴黎"，分别是地下和空中由金属材料和钢结构制成的。在"地下柏林"方案中，他将人类社会居住的地表和人造物勾销，代之以在地下掘出一巨型球体空间，其为建筑提供场所，也是为人类实验性的生活提供场所。在"空中巴黎"方案中他运用新工程学知识，如表面张力、空气动力、磁悬浮的磁场空间、宇航技术中的太空舱，在巴黎上空构想出各种奇异的悬浮建筑物。

（五）叙述性建筑

另一位新世界的创造者是库帕联盟建筑学院院长海扎克。海扎克是 20 世纪 60 年代至今一直对建筑设计，形式语言和建筑教育有着重大影响的极少数人物中的一位。拜茨基在《破坏了的完美》一书中将海扎克与盖里、文丘里、艾森曼称之为当代建筑的"四教父"。海扎克将建筑作为语言来探索，但他较少关注语言的形式特征，而对创造和体验建筑中内在的"叙述性"特征感兴趣。他认为空间是被人生活、经历和感受的生活形式，功能则是由讲述故事来体现的。他的设计活动使人们认识到在创造世界的同时应将人包括在内。他的作品表现了现代技术是与人类使用它的方式，与人类运用技术进行探索世界的活动和技术手段中的生活情趣相关的，每种建筑技术设备的应用都与一种生活方式和人类在世界中生存的态度相关。他使用建筑技术具有一种超脱、质朴和童稚的气质，常将人带回到原始、纯真的境界中。这与他将设计和"故事讲述"相联系有关，也与前文字社会中的智者口传历史、故事神话的传授者的性质有着某种相似，是与社会、历史和文化中的根紧密相关的。他的设计通过强调建筑的"叙述性质"而与社会和文化的深层结构联系起来并创造了一种新世界。在这个世界中，建筑的创造是最为本质的社会活动，建筑师则是"故事讲授者"，与早期社会萨满的作用相似。这样，建筑师就不仅是空间实体和技术的构造者，而且是创造生活并为生活提供历史、文化和神化的"智者"。

在《美杜萨之首》（Mask of Medusa）这部重要著作中，海扎克提出了"假面舞会"的概念。假面舞会中的"人物"的特点是他既是表演者又是观者；是社会活动的执行者又是参与者。海扎克用此概念来表达他有关建筑和城市的思想，即"舞会"的参与者（建筑）揭示了建筑能够创造潜在的活动和所起的作用。舞会中的这些"假面具"是建筑片断的集合：塔、墙、圆锥体、圆柱体、角锥等，这些片断或要素漂浮在一个均质的场所中，它们无法按传统的功能、尺度和文脉分类。在"柏林假面具"方案中，他将柏林城拆散，代之以小型社团，而社团居民的组成是由不同的建筑来限定的。不同的建筑既代表着其中的居民，也为居民提供居住的场所，这样，居住与建筑的内在一致性是由与社会活动相关的建筑来保证的。

海扎克的作品是神话意义的方案，具有神秘的特质。这些方案是为可能存在于过去、存在于现在，或是将来出现的世界提供的。其中的形象引入联想，使人回忆起记忆深处某种似曾相识的形象，为人们提供了一种观看世界的方式。

二、现代建筑设计美学规律

现代建筑设计不仅需要满足民众基本的住房需求，并且需要关注其心理层次的审美需求。应当运用多种创新元素，在开展房屋建筑类型的工程项目时，大范围应用美学原理和美学规律。房屋建筑设计的审美设计，不仅体现在外部房屋结构的美观，而且也体现在房屋建筑内部结构的完整和谐。普通类型的居民住宅楼设计以及商业板块的楼层建筑设计都会应用到美学规律，在保障房屋建筑安全稳定的基础上，进行更加优良精确的外部审美设计。

（一）房屋建筑设计注重美学规律的原因

1. 是目前文化传承发展的需要

我国历史文化传承悠久，古代人民的房屋建筑设计便开始注重平衡对称、内部构造完整等审美体验。且土地幅员辽阔，各个地区的房屋建筑特色都各有差异，其中内在蕴含者的美学规律也各有不同。例如山西地区，受到黄土高原的高坡地形限制，民众性格较为开朗，房屋建筑设计亦更加注重开放美，传统的窑洞式建筑设计能够充分体现这一地区民众的审美规律。而江南地区的建筑则呈现出明显的"含蓄美"特征，例如苏州园林典型的回廊设计。现如今，在进行房屋设计时，规划工作人员更加注重将美学规律应用和融入建筑当中，不仅能够使民众享受到更加适宜的居住环境，并且是我国民居建筑文化传承和发展的重要途径。

2. 满足民众精神方面的居住需求

房屋建筑在民众实际生活当中，处于必不可缺的关键地位，而居住环境是否优良，亦会对民众长期的身体健康造成相应影响。现如今，民众更加注重房屋建筑设计的体验感和空间感，符合审美规律的房屋设计相对而言会更加受到购买者的青睐。在山西地区民众的实际生活当中，此种符合其审美规律的房屋建筑设计，能够使当地人民从外形结构和房屋内部构造两个方面，有着美的体验和感受，并且窑洞式建筑有着稳定的特征，能够满足民众精神方面的居住需求。通过对房屋建筑当中运用美学规律的趋势进行分析探究，去更好地满足民众在房屋建筑方面的精神方面。

（二）美学规律在房屋建筑设计中的实际意义

1. 房屋建筑的美观性提

在房屋建筑的规划设计阶段科学合理的应用美学规律，可以正面增强建筑物的可观赏性。内部空间结构的塑造以及建筑物外部空间色彩的合理布置等要素，都会直接影响建筑房屋设计的美观性。近些年，来我国城市各个方面但发展速度极快，房屋建筑领域的理念以及美学规律的发展应用，也随着我国民众主体观念的认识深度在逐渐发生改变，并且其内涵与外延也在不断拓展。设计精确的房屋建筑有效融合了商业酒店等娱乐建筑以及房屋住宅类型建筑的多项功能，若想在整体层面促进此类型功能的和谐统一，必须在建筑设计初期便与规划人员进行沟通，综合应用房屋建筑设计的美学规律。

2. 充分体现房屋建筑的地域性特征

现在美学理念为我国房屋建筑设计提出了以人为本的发展观念，并且需要结合国家方针政策，秉持着科学发展观的内核去进行房屋建筑设计。受到不同地区经济发展水平以及地理自然条件的影响，我国不同地区的建筑风格各自呈现出其鲜明的特色。在把握和应用建筑美学规律时，应当充分考虑地域文化色彩，将不同地区民众的精神需求与图案图形设计等进行密切结合，融入更多差异性明显的地域文化元素，保障不同地区房屋建筑拥有各自的特色。同时增强不同区域房屋建筑的审美效果，提升我国各个地区房屋建筑的艺术视觉体验感。

（三）美学规律在房屋建筑设计应用中应当注意的问题

1. 不同地域内房屋建筑的差异

地域文化色彩十分明显是我国房屋建筑的重要特征之一，中西方房屋建筑设计方面也表现出十分明显的差异。我国国土面积辽阔，不同地区气候气象条件等基础状况有着明显差异，例如山西和陕西地区的窑洞式建筑，以及湖南土家族等地区的吊脚楼建筑便带有明显的地域文化色彩。此类型房屋建筑的设计必须与当地的地域条件和气候状况结合起来，进行深入的分析与探究。例如，与我国位置相邻的日本，受到地理位置的影响，位于两个板块的交界地带，地震灾害的发生频率较高，因此，其房屋建筑设计通常采用木质材料。

2. 尊重少数民族地区的文化特色

进入 21 世纪，我国西部省市地区的城市化进程在逐渐推进，城市内部的房屋建筑也在逐渐增多，这是新经济环境下，各地区经济实力大幅度提升的明显表现之一。在经济得到发展的基础上，各个地区也便开始了大型工程项目的建筑，但是多数地区的房屋建设缺乏其自身特点，同质化现象较为严重，规划建筑人员也未准确应用美学规律，而存在着较为严重的模仿设计现象。例如：我国多数地区原本自有的房屋建筑在进行大规模拆除，其中包括北京地区的四合院，山西、陕西地区的窑洞式建筑以及湖南家族地区的吊脚楼，并且拆除之后在原地基上建立了形式较为简单的高层建筑，难以使民众真正感受到不同类型建筑带来的审美体验。

（四）美学规律在房屋建筑设计中应当注意的问题

1. 凸显建筑主题

房屋建筑的色彩应当与此类型建筑物的重点功能进行密切配合，例如居住类型建筑，在进行规划设计时，便需要重视其是否能够做到简洁美观、稳重舒适，满足人民群众休息时间的放松需求。目前，我国大多数建筑物并非只有单一的使用功能，而且社会群众已经将关注点逐步转移到建筑物的外部装饰环境，并没有局限于考虑其内部结构。娱乐类型的建筑则应当重点考虑民众的娱乐需求，并且需要在外观规划设计的过程中，应用美学规律，打造足以吸引民众前来消费的色彩视觉效果，深刻地凸显此类型建筑的主题。

2. 美化主体建筑物和城市环境

建筑物造型能够在一定层面上美化和改造当地的城市环境，完美的色彩搭配又能够为房屋建筑规划设计做出有效贡献。色彩与造型的和谐统一，能够使得建筑物的外观特征塑造更加良好。例如我国多数城市都逐渐建设的万达广场，精确的建筑设计能够提升整体城市的美观度。除此之外，色彩信息能够在一定程度上弥补建筑物外观设计的缺陷，冷色调与暖色调的合理搭配使用可以使得建筑物比例更加协调，在为民众带来更加良好视觉体验的同时，起到美化城市、环境的效果。

房屋建筑设计是一项较为长期的建筑类型工程，美学规律的应用，更是应当在工程项目的图纸设计阶段便得到重视，相关的规划设计人员需要充分了解房屋建筑设计的审美规律和审美体验，对其实质内涵和可能对房屋设计产生的影响，形成深刻而确切的认识。除此之外，美学规律的应用需要结合不同地区和民族的特色，因地制宜，与开展房屋建筑活动地区的风格进行密切而有效的融合，从而设计出符合当地人民群众审美需求的房屋建筑，最终为我国整体房屋建筑工程行业的发展，做出有效地贡献。

第二章 景观园林建筑概述

第一节 景观园林建筑的含义、范围及特点

在人类发展的进程中，建筑与城市是最早出现的空间形态，而景观园林建筑的出现要晚得多。正如英国哲学家 F. 培根所言："文明人类，先建美宅，营园较迟。可见造园比建筑更高一筹。"由于景观园林建筑始终伴随着建筑与城市的发展而发展，故早期并没有形成独立的学科体系，各国及各个时期的学科名称、概念含义、研究范围也不完全统一，在我国直至今日其学科名称尚有争议。

一、景观园林建筑的概念和含义

（一）概念

在相关著述中曾出现过众多与之相关的名词，如景观园林建筑、景园、景园学、景园建筑、景园建筑学、大地景观、景观、景观学、景观建筑学、风景、景观园林、造园、园林、园林学、园囿、苑、圃、庭及英文等，这些名词的含义及内容是否相同，它们之间的区别是什么，对于一个学科来说，过多的称谓或名称并无益处。总结起来原因如下。

（1）各种概念的发展因年代的早晚而不同；

（2）风景师这个职业的内容，也随时代的要求而变化，目前在我国由以建筑师为主体的多个相关行业的设计师来充当风景建筑师；

（3）Architecture 这个词与 landscape 连用并不当建筑解释，其意为营造或建造，不宜直译为"风景建筑"或"景观园林"。

当今，国际上通常以 Landscape Architecture 作为学科的名称。我国传统的称谓为园林或景观园林建筑，现在倾向于景观学或景园学以与国际接轨，在建筑学专业目录下称为"景观建筑设计"。景观设计师被国家劳动和社会保障部正式认定为我国的新职业之一，目前学术界拟成立景观学专业指导委员会。可见大多年轻的业界人士倾向于以景观学作为该学科的新名称。下面以业界一些学者的观点来进一步阐述"景观园林"及"景观"的相关概念和含义，仅供专家学者参考。

（二）含义

1.第一层含义

景观是美，是理想。人们把他所看到的最美的景象通过艺术的手法表现出来，这是景观最早的含义。在西方，景观画的含义最早来源于荷兰的风景画，而后又传到英国。它是描绘景色的，是把一个人站在远处看景色时的那种感受画下来，所以画永远不是实景，画是加上了人的审美态度之后再表现出来的。景观的概念最早的来源是画，一幅风景画，它是有画框的，这画框是人限定的，是人通过审美的趣味提炼出来的。景观一开始就是视觉审美的含义。但人的审美趣味是随着社会发展，随着经济地位变化而不断变化的，所以人所了解的景色也是不断变化的，在作为画之前，景观作为一个词最早出现在希伯来文的《圣经·旧约》中，是用来描写耶路撒冷皇城景象的，一个牧羊人站在一个荒凉的山冈上，看到一片绿洲，这个绿洲中有宏宇大厦，有庙宇宫殿，这些他作为美景来描述的景观是一个城市。所以，在农业时代人们想象的美景是一个城市，这种观念一直延续到工业时代。把景观作为城市发展的极致，把城市当作理想，一直发展下去，进而促使纽约这样的大都市出现。现在我们中国人理解的景观也基本停留在农业时代的城市理想，因而你才会看到深圳的高楼大厦，才会看到浦东的高楼大厦，才会用同样的理想来建设我们的城市。但这种理解是不长久的，故到了工业时代末期以后，因大量的乡下人拥到纽约城市中来，纽约的钢筋水泥丛林不再适合人居住，一系列城市病出现。他们发现他们追求的城市景观原来不适合人的生存和居住，景观的理想发生了改变，他们不再想用以前当农民或牧民时眼中的城市模样来造景观。这种对城市景观的否定通过两个途径来实现：一个是逃离城市，建立国家公园、自然公园，另一个是把自然引到城市中来。为什么国家公园会在美国出现？国家公园甚至有上万平方公里之大，有大量的自然地，这是由于纽约人的理想景观开始转向自然地，于是才会把自然地保护起来，作为他们休闲度假的地方，所以才出现了黄石公园、红杉树公园等。这是否定城市的一种途径——逃离城市，逃到荒野之中，这时人们对景观的概念发生了一次深刻的变化，把自然当作美而不是把城市当作美。但是人们很快就发现，逃跑不是办法。因为汽车在美国很快普及，因此汽车就拉着城市跟着人跑到郊外去了，人越想离开城市，这个城市就越跟着人和汽车跑，这就出现了郊区的城市化。整个美国都出现了这样的城市：大量的土地盖了房子，把自然地变成建筑，把环境变得更糟糕了，特别是20世纪60—70年代以后，人们就发现，以前想象的田园城市实际上并没有实现，因为当时的人想用铁路把中心城市和郊区的花园城市连接在一起，但美国在20世纪30年代以后铁路被高速公路取代了，火车被汽车取代了，结果每家都有至少一辆汽车，最后导致每一寸土地都变成城市。除了离开城市走向自然外，要摆脱拥挤的城市还有第二条途径，那就是把自然引到城市中来。最早的实践就是把公园建到城市中去，这就是纽约的中央公园（300多公顷），那是城市中心的一个非常大的地方，从此出现了美国的城市公园运动。这就是由于人类想象中的理想景观概念的变化导致城市的变化。这是关于景观作为视觉美的含义的理解。

2. 第二层含义

景观是栖息地，是居住和生活的地方。它是人的内在生活的体验，是和人发生关系的地方，哪怕是一株草、一条河流，或者是村庄旁的一棵大树。云南的民居充满诗情画意，非常漂亮，那是由于居住在那方土地上的人形成了人和人、人和自然的和谐关系。人要从自然和社会中获取资源，获取庇护、灵感以及生活所需要的一切东西，景观就是人和人、人和自然的关系在大地上的烙印。当丽江穿过你门前的时候，你可在门前的石埠上洗涮，人和自然就这样发生了关系。你看到的石埠，实际上在告诉你人是需要水的，需要和水亲近的，这就是人和自然之间非常友善和谐的关系。也有不和谐的关系，比如钱塘江大坝筑到 10 m 高，有些地方有 20 m 高，这是人和自然的敌对关系的反映，而没有把自然当作你的家人来对待，把自然排除在外，这就是人和自然关系的不和谐。那么人和人的关系呢？当年柏林墙没推倒时反映了人和人关系的不和谐，现在以色列边界立起铁丝网也反映了人和人关系的不和谐。这种边界都被称作政治景观。是以当你看到景观的时候，看到任何景观中任何一种元素的时候，它实际上都是在讲述人和人、人和自然的关系是否和谐。

3. 第三层含义

景观是具有结构和功能的系统。在这个层次上，它与人的情感是没有关系的，而是外在于人情感的东西。然而作为一个系统，人是更客观地站在一个与之完全没有关系的角度去研究景观，所以景观就变成科学的研究对象。一块土地，当你和它没有关系时，那你的研究是科学家的研究。但如果你居住在这片土地上，再去研究它，就不是科学家的研究态度了，因为这块土地已经和你的切身利益发生关系了，就不是科学了。一块土地有动物的栖息地，有动物的迁移通道等，都需要用科学的方法去研究，用生态的、生物的方法来观察、模拟，来了解这个景观的系统。一门学科叫"景观学"，实际上是用科学方法研究景观系统，是地理学的一个分支。

4. 第四层含义

景观是"符号"。我们看到的所有东西都有其背后的含义。景观是关于自然与人类历史的书。皖南民居的路、亭子、河流和后面的牌坊群，都在讲述着昨天和今天的故事。譬如亭子，当地叫作水口亭，在村庄的水口，这就说明人们对待自然的态度，这个地方很关键，决定当地人的生老病死和财富，这个亭子就告诉你这块地是神圣的。又比如说，这个牌坊叫贞节牌坊，还有叫忠孝或仁义牌坊等。贞节牌坊讲的就是一个少妇在她丈夫死后就未改嫁，这种对贞节的树碑立传就反映了那个时代的价值观。忠孝牌坊是歌颂孝道的，讲的是一个儿子当他的父母还活着的时候是不离开家的，这就是一种价值观。华北平原上，哪怕是一条浅沟、一个土堆，都在讲述着历史。城墙、烽火台，曾经是金戈铁马，烽火燎原。这些现在看来不起眼的留在土地上的痕迹，都在讲述着非常生动壮阔的故事。北方地区有三百年的古道走成河的说法，一条走了两千多年的路，变成了河，这条河就不只是河，它是古代赵武灵王攻打秦国时用过的古道，千军万马曾从这里走过。一条浅浅的古道或浅沟，充满了含义。所以，景观是有含义的符号，需要我们去读。在很大程度上，我们最早的文字也来源于景观。山的象形字直接来源于山，水的象形字直接来源于水。云南丽江纳西族文字中水的写法和汉族的是不一样的，汉字的水是在一条曲线两侧各有两点，而纳西族文字中的水则是在这条曲线的端点还有一个圈。因为纳西族居住在云南高原上，那里水的形态跟长江和黄河是不一样的，玉龙雪山融化后的雪水流下来，在河里你看不到水，水都渗到河滩底下，然后水经过河滩在十几里外的地方又冒出来，这个水就叫潭，有黑龙潭或白龙潭。这些水你是看得见它从哪里来的，是有源头的。然而我们的长江或黄河一带早期居民看到的水是没有源头的，虽然说源头在昆仑山，但当时谁也没到过昆仑山。这就是景观的不同导致描述的文字的不一样，我们的语言也是从景观来的。所谓河出图、洛出书，实际上是说我们的古代文字是人在阅读了黄河、洛河，阅读了来自水中的龟背的纹理后，来解读、预测事物的变化。这些都是符号，都在讲述着故事，兴的故事，亡的故事。所以说当你看到景观和景观中的元素的时候，哪怕是一棵树，也要认真地阅读它、理解它。比如说，这棵树长弯了，为什么长弯了？因为风的力量的不均衡，或者因为光照的不均衡；如果这棵树上布满了伤痕，为什么有伤痕？它在讲述曾经被火烧了或是什么。是以，如果到圆明园去，你可以看到那里的柏树都是伤痕累累的，靠房屋的一侧，许多古柏都是没有皮的，为什么？都是给英法联军烧的，所以没有皮了。这些树讲述了历史，充满了含义。人类最伟大的景观创造莫过于城市。一个几万人甚至上千万人组成的社区，他们为了相同和不同的目的生活在一起，有时互助互爱，有时嫉妒有加、憎恨至极，以至于你死我活。有时为了交流，他们修池道，掘运河；有时却为了隔离，垒城墙，设陷阱。我们看以前的城市，有城墙，有陷阱。同样的爱和恨也表现在人类对自然及其他生命的态度上。恨之切切，人类把野兽、洪水视为共同的敌人，所以称之为洪水猛兽，故筑高墙藩篱以拒之；爱之殷殷，人们不惜挖湖堆山，引草木、虎狼入城，像在城里建动物园、植物园，表现了人类对自然的爱。人类所有这些复杂的人性和需求被刻写在大地上，刻写在某块被称为城市的地方，这就是城市景观。所以说，景观需要人们去读，去品味，去体验，正如读一首诗，品味一幅画，体验过去和现在的生活。

由此可见，景观园林建筑作为一门重要的学科，其内容及含义相当广泛，是具有神圣环境使命的学科和工作，更是一门艺术，可定义为："景观园林建筑是一门含义非常广泛的综合性学科，它不单纯是'艺术'或'自我表现'，而是一种规划未来的科学；它是依据自然、生态、社会、技术、艺术、经济、行为等科学的原则，从事对土地及其上面的各种自然及人文要素的规划和设计，以使不同环境之间建立一种和谐、均衡关系的一门科学。"

二、景观园林建筑的特点

景观园林建筑的复杂性和综合性决定了它具有自己的特点，总结如下。

（一）复合性

景观园林建筑的主要研究对象是土地及其上面的设施和环境，是依据自然、生态、社会、技术、艺术、经济、行为等原则进行规划和创作具有一定功能景观的学科，景观本身受人类不同历史时期的活动特点及需要而变化，于是景观也可以说是反映动态系统、自然系统和社会系统所衍生的产物，从这个角度讲，景观园林建筑具有明显的复合性。

（二）社会性

早期出现的景观园林建筑形态，主要是为人的视觉及精神服务的，并为少数人所享有。随着社会的进步、发展及环境的变迁，景观园林建筑成为服务大众的重要精神场所，并具备了环保、生态等复杂的功能，其社会属性也日益明显。

（三）艺术性

景观园林建筑的主要功能之一是塑造具有观赏价值的景观，创造并保存人类生存的环境与扩展自然景观的美，同时借由大自然的美景与景观艺术为人提供丰富的精神生活空间，使人更加健康和舒适。因此，艺术性是景观园林建筑的固有属性。

（四）技术性

常规下，景观园林建筑的构成要素包括自然景观、人文景观和工程设施等三个方面，在具体的组景过程中，都是结合自然景观要素、运用人工的手法进行自然美的再创造，如假山置石工程、水景工程、道路桥梁工程、建筑设施工程、绿化工程等，所有这些工程的实施，均离不开一定结构、材料、施工、维护等技术手段，可以说园林建筑景观的发展始终伴随着技术的创新与发展。

（五）经济性

任何景观园林建筑的项目在实施过程中，都会消耗一定的人力、机械、材料、能源等，占用一定的社会资源和对环境造成一定的影响。于是，如何提高景观园林建筑项目的经济效益，是目前我国提倡建设节约型社会的重要方面。

（六）生态性

景观园林建筑是自然和城市的一个子系统，其中绿化工程是与自然生态系统结合最为紧密的部分。在早期，研究生物与环境之间的相互关系始终是生态学的核心思想之一，主要研究的中心是自然生态，后来逐渐转向以人类活动为中心，而且涉及的领域越来越广泛，随着生态学研究的深入，生态学的原理在不断地发展、拓延。例如，目前以生态学原理为基础或为启发建立的学科就有以下这些分类：以自然生态为分支学科的有森林生态学、草地生态学，湿地生态学、昆虫生态学等；交叉边缘学科有数学生态学、进化生态学、行为生态学、人类生态学、文化生态学、城市文化生态学、社会生态学、建筑生态学、城市生态学、景观生态学等。从这一角度讲，景观园林建筑的生态性也是其固有的特性。

三、景观园林建筑的地位及与其他学科的关系

景观园林建筑是建筑学、城市规划、环境艺术、园艺、林学、文学艺术等自然与人文科学高度综合的一门应用性学科，是现代景观学科的主体，景观学作为研究环境、美化环境、治理环境的学科由来已久。概括地讲它注重的是人类的生存空间，从局部到整体，都是它研究的范围。但随着全球环境的恶化，人们已越来越重视整体环境的研究，重视自然、科技、社会、人文总体系统的研究，因为环境的美化与优化，仅靠局部的细节手法已不能从根本上解决问题。全面地研究和认识景观园林建筑，充分挖掘传统景观园林艺术精华，充分运用现代理论及技术手段，从实际出发，以人为本，树立大环境的观念，从宏观角度把握环境的美化与建设，则是现代景观园林建筑的重要研究领域。

按学科门类划分，景观园林建筑属于建筑学一级学科下的三级学科，是与建筑学专业一脉相承的，但从景观园林建筑的形成、发展的过程、设计手法、施工技术及艺术特点等方面来看与建筑设计和城市规划又有所不同。一方面景观园林建筑离不开建筑及城市环境；另一方面，由于所涉及材料、工艺、技术及功能不同，景观园林建筑与建筑设计及城市规划之间也存在一定的差异。

景观园林建筑与农学、林学及园艺学也有密切的关系。农学作为研究农业发展改良的学科，农业是利用土地来畜养种植有益于人类的动植物，以维持人类的生存和发展，以土地作为主要经营对象，土地可分为山地、平地及水体三个部分；景观园林建筑也以土地为载体进行建造，是经营大地的艺术，注重空间的塑造和精神满足。而农学和农业以生产物质资料为主，视觉上的精神享受为辅，农学和农业的发展促进了景观园林建筑的发展，景观园林建筑在某种程度上来说是农业和农学发展的结果。植物是景观园林的重要构成要素，因此林学对造园的重要性是不言而喻的，园艺学分为生产园艺和装饰园艺，前者以经营果树、蔬菜及观赏植物（花卉）等栽培及果蔬的处理加工生产为主，后者包括室内花卉及室外土地装饰，以花卉装饰及盆栽植物利用为主，而景观园林建筑则以利用园艺植物、美化土地为主，进行庭院、公园、公共绿地极大的景观园林的规划设计。

四、景观园林建筑的设计理论构成框架

（一）三个层面

同济大学的刘滨谊教授认为，从国际景观园林理论与实践的发展来看，现代景观园林规划设计实践的基本方面中蕴含着三个层面不同的追求以及与之相对应的理论研究。

（1）景观感受层面基于视觉的所有自然与人工形态及其感受的设计，即狭义景观设计，对应的理论是景观美学；

（2）环境、生态、资源层面包括土地利用、地形、水体、动植物、气候、光照等人文与自然资源在内的调查、分析、评估、规划、保护，即大地景观规划，对应的理论是景观

生态学；

（3）人类行为以及与之相关的文化历史与艺术层面包括潜在于园林环境中的历史文化、风土民情、风俗习惯等与人们精神生活世界息息相关的文明，即行为精神景观规划设计，对应的理论为景观行为学。

（二）三元素

如同传统的景观园林一样，现代景观规划设计的这三个层次，其共同的追求从古至今始终贯穿于景观园林理论与实践的三个层面。作者将上述三个层面予以概括提炼，概括出现代景观园林规划与设计的三大方面，又称为现代景观园林规划设计的三元（或三元素）。

（三）三种新生流派

正是基于景观规划设计实践的三元，在众说纷纭的各类景观规划设计流派中，三种新生流派正在脱颖而出。

（1）与环境艺术的结合重在视觉景观形象的大众景观环境艺术流派。

（2）与城市规划和城市设计结合的城市景观生态流派以大地景观为标志的区域景观、环境规划；以视觉景观导向的城市设计；以环境生态为导向的城市设计。

（3）与旅游策划的结合重在大众行为心理景观策划的景观游憩流派。

这三种流派代表着现代景观园林学科专业及理论的发展方向。同时因不同地区及文化社会背景不同，人们对自然及景观要素的认知及态度不同，在景观园林理论的研究中也关注其他方面的要素，如景观园林建筑的自然作用、社会作用、设计方法论、技术体系、价值观念等。这些要素是相互关联、相互作用、相互影响的，与上述内容结合共同构成了景观园林的理论研究框架。

第二节　景观设计与景观设计原则

关于景观设计与景观设计原则的认识内容有很多，北京大学的俞孔坚教授曾做过如下精辟的论述。

一、景观设计——土地的设计

景观设计是科学也是艺术，那么它包括什么内容呢？

首先区域的景观设计，就是区域尺度上的，在几百、几千、上万平方公里的尺度上设计、梳理它的水系、山脉、绿地系统、交通、城市；其次是城市设计。城市需要人们去设计，它的公共空间、开放空间、绿地、水系，这些界定了城市的形态；再次，风景旅游地的规划和设计、自然地和历史文化遗产地的规划和设计；其次，自然地，如湿地、森林，也需要人们去设计；最后，综合地产的开发项目的规划和设计；另外，校园、科技园和办公园区的设计；当然还有花园、公园和绿地系统的规划和设计。人未来的归宿——坟墓，也需要设计，人活着的时候需要优美健康的环境，死后也需要一个归宿，跟土地发生一种关系。这些都是景观设计的范畴。景观设计就是关于景观的分析、规划布局、设计、改造、管理、保护和恢复的科学和艺术。本质上讲，景观就是土地，所以景观设计就是土地的设计。景观设计学是一门建立在广泛的自然科学和人文与艺术学科基础上的应用学科。北京大学研究生的专业中有这个专业方向，因为它也是法律的问题，它协调人和人的关系、人和自然的关系，这就需要法律，于是有《城市规划法》和《土地法》；应当认识到，美是有经济价值的，为什么香港豪宅都在山顶上？就是因为它的景观好，故经济价值高；与信息工程也有关系，现在进行土地分析时所用的是地理信息系统，大量应用信息技术进行地形的模拟、地表径流的分析、土地适宜性的分析，然后在科学分析的基础上进行规划，如何梳理水系，如何布局建筑、交通；与文学艺术当然就更有关系了。因此，景观设计和许多专业都发生了关系。凯文·林奇曾经说，你要成为一个真正合格的景观和城市的设计师，必须学完270门课，所以说这门学科综合了大量的自然和人文科学。

二、景观设计的基本原则

（一）天地

在天地中定位，认同自然过程与格局。景观设计师的终生目标，就是实现人、建筑、城市以及人的一切活动地球和谐相处。这就是景观设计师的工作，使人生活在这块土地上具有意义，那么生活怎么会有意思呢？有两点跟土地有关系：首先是定位。你如何在这块土地上定位？为什么北斗星如此重要呢？为什么发明罗盘呢？就是为了让人在土地上找到自己的方向，有个方位。中国人发明罗盘，最早不是用来航海的，是用来看风水的，就是为了定位，为了在土地上找到自己的穴位，找到现实人生活的穴位以及死去后居住的墓穴。当然后来罗盘被西方人拿走了变成了航海的工具，航海也是为了定位。在大海上、在戈壁上、在森林中，你找不到自己的方位的时候，简单地说就是"迷途"，不见得是饿死、渴死，却往往因为恐惧而死。所以说，要使生活具有意义首先就是要定位。人要是失去了定位就失去了意义，人就变得空虚了。人与土地关系的第二个方面是认同。在英文中它和个性是一回事，但在汉语中这两者却是完全相反的东西，好像你认同了一个东西就失去了自己的个性。实际上，正因为认同才有个性：认同你的父母，才使你有了像父母的个性；认同一个家族，才会发现这个家族的个性；同样，如果认同于太行山，你就会有太行山的豪爽个性；认同于江南山水，你就会有江南山水的秀气。太行山人的壮阔、粗犷，江南人的秀气，为什么人会有这样的不同？就是因为认同了自然。在新疆的草原上，唱歌的调子非常悠扬、高亢，就是因为那里的大地非常开阔，歌声只有那样才传得远，所以就出现了那样的风格，那里人的风格，那里人的音乐，那里人的生活方式，这就是认同于自然。在江南就只能出现江南小调，如果把陕西的民歌引到江南去那就不伦不类了，因为那小山小水小城镇，声音不用喊得很响就能够听见，故只能是非常亲切、拐弯抹角的小声音才优美。这就是认同创造了不同的个性、不同的艺术、不同的生活方式。

所以说，人生活的过程就是认同于环境、认同于自然的过程。当一个哈尼族的山寨姑娘走出她的村庄，走到城里的大街上的时候，你一眼就能看出她是哈尼族的。为什么呢？她带着哈尼村寨的风水，带着哈尼村寨的梯田。每个人的身上都反映了其生活空间的所有信息。因而说人跟土地、景观经过这种认同、定位发生了亲密的关系。这种关系需要得到尊重，需要设计。因此景观设计，第一条原则就是要尊重自然，尊重天地，尊重自然的山、自然的地形地貌、自然的水。

（二）人

认识人性，尊重人。景观设计还要尊重人，因为我们要建立人和土地的关系，设计就必须尊重人。我们可以做很多实验来证明人的健康居住场所到底是什么。土拨鼠选择栖居的时候跟人类有许多共同之处，甚至比人更聪明，有人说土拨鼠建造的城市比人类建造的城市更完美：不受洪涝灾害的威胁，冬天充满了阳光，充满了温暖。为什么呢？它总是在阳坡上打洞，并且洞是先往上打，然后再往下斜着打，所以水来了淹不到它，况且洞的前面还有溪流，水边长满谷子，有食物，同时它还要回避丛林和乱石堆。阳光、水、谷子，都好理解，就像人们想象草地上有鸭子，河里有鱼一样，人们在潜意识中就想象人们需要有这么多水和食物，来保证给养，所以，关于动物和花卉的美是从这里来的。那土拨鼠为什么要回避丛林和乱石堆呢？是由于丛林是它的天敌猫头鹰经常居住的场所，而蛇是住在乱石堆里的，那是鼠类的另一大天敌。不管有没有猫头鹰和蛇，土拨鼠都要回避这种景观，中间过程就忘了，最后你发现它怕的是乱石堆和丛林，有没有天敌和它关系已经不大了。人也像土拨鼠一样，鲁滨孙流落到一个荒岛上，遇到了为自己找居住场所的问题，最终他就找到了一个地方，这个地方背靠森林，是悬崖峭壁底下的一个洞穴，面向大海，前面是一片草地，他在草地前面做了一个栏杆，这就成了最理想的"家"了。尽管后来发现在那片森林里并没有任何食肉动物，但是他选择这个居住场所，就考虑到了这些危险，也就回到了人类原来的"家"，这个原来的"家"是洪荒时代的"家"，是几万年、几百万年之前的"家"，人类把几百万年之前的所有需求的本能都调动起来，找到了这么一个理想的地方。北京郊区的龙骨山上的龙骨洞里曾经住着北京人，北京人在这里居住过好几次。10万年前、50万年前都居住过。龙骨洞下面有一条河，叫作坝儿河，河边是一大片草地，这是有人考证过的。这是原始人居住的场所，和鲁滨孙选的那个一样，这样的栖居场所是最安全的，可以隔河而望。当时大概是50个人一个群体，其中大概20个男人、20个女人、10个小孩，这样的一个比例关系构成一个居住群体。男子要出去打猎，需要一个围猎的空间，而在茫茫草原上，很难围猎，故必须靠自然的屏障来围猎，所以当你发现盆地这种空间的时候，就有一种安全感、美感，陶渊明描绘的桃花源就是这种空间。另外，在河南有一个小小的盆地，叫小南海，一万多年前居住过一群人，有趣的是，后来的人在原始人居住过的洞穴上面盖了一个道观，盖道观的时候道士们并不知道这里有原始人居住过，那么为什么道士选的地方和原始人类选的地方是一个场所？那是因为人类的基因是一样的。总是惦记着这个地方，这个地方是理想的，就像在冥冥之中有个人在告诉你：这个地方最好。大家都知道古代陶渊明所描绘的武陵仙境就是盆地。是以，我们可以想象为什么将北京作为首都，原来几十万年前就注定了人类要选择这么好的地方——它背靠太行山、燕山。这个山脉是一直连着昆仑山并且俯瞰华北平原的，这是边缘地带，符合"瞭望—庇护"的需求——看得见别人而不被别人看见，这就是人天性的反映。

除此之外，人还有领地意识。一个国家，一个民族，一个家庭，实际上就是人自己的领地，每个人都有领地。例如，小孩就经常为课桌闹矛盾，要在课桌中间画一条线，谁都不能越过这条线，过了这条线就要发生纷争了，这和中东的巴以冲突情况是一样的，这就是人的本性。

所以，城市景观为什么最终会走向美国的郊区化，走向单家独屋？为什么领地要搞清楚，土地要私有，否则便有"公地悲剧"，就是因为人本质上需要他的领地。另外，人还有狩猎、采集的本性，人都是猎人的后代。小孩爱爬树，女孩子爱采摘；为什么女性爱穿花衣服，而且一般来说，女性在一起会发出很多的声音，有说法称发出声音是为了采集时吓唬动物；而男性一般合作性比较好，通常是一群人在一起，你看经常出去酗酒闹事的都是一群人，而且都是围绕食物，可以想象当年猎获一只羊以后再去烧烤、分享猎物的情景。这时你就要选择位置坐下来。有人类学家研究过，只要五个或十来个人出去，里面必然会产生一个领袖，必然会产生至少一个领袖的支持者，其他人就会听他的，这也是人性，因为男的要打猎，要合作，必须有合作精神，必须有组织。女性的合作精神就差一点，她们各自采各自的，只要大家发出声音就行。这就是从人的本性来论证现在人在景观中的所有行为。

第三节　景观园林建筑的重要性、作用与使命

概括来说，景观园林是综合利用科学和艺术手段营造人类美好的室外生活环境的一个行业和一门学科。从以上介绍可知，景观园林中均有建筑分布，有的数量较多、密度较大；有的数量较少、建筑布置疏朗。景观园林建筑比起山、水、植物，较少受到自然条件的制约，以人工为主，是传统造园中运用最为灵活因而也是最积极的因素。随着现代景观园林理论、建筑设施水平及工程技术的发展，景观园林建筑的形式和内容也越来越复杂、多样和丰富，在造景中的地位也日益重要，它们担负着景观、服务、交通、空间限定、环保等诸多功能。

一、景观园林建筑的重要性

（一）景观园林建筑对环境安全的重要性

针对目前城市发展中存在的诸多问题，景观园林建筑及环境处理成为普受关注的话题，传统的规划设计及建设管理过程中某些环节已受到人们的质疑，特别是印度洋海啸事件之后，更多的人开始关注和讨论环境生态健康问题。

城市景观本身是一个复杂的系统，包含生态的、知觉的、文化的、社会的各个方面。城市景观普遍认为存在某种潜在的空间格局，被称为生态安全格局它们由景观中的某些关键性的局部、位置和空间联系所构成。在城市景观规划建设、管理、维护和运行过程中如何保障景观自身的安全，景观对人的安全及对整个城市环境的安全是城市景观安全的主要内容和职责。具体而言，主要研究城市面临的主要景观环境问题与原因，分析景观各个层面对社会经济、城市形态、生态安全、人体健康及社会可持续发展的影响，对景观生态安全格局进行修复、重建和再生，保护人文景观、景观文化及生物物种的多样性，提高城市景观系统的稳定性和生态修复能力。

城市景观安全是城市生态安全的重要环节，是指导城市景观规划建设的重要理论。深入研究城市景观安全问题，有利于保障城市良性发展，保障景观设计向科学化、可持续的方向发展。

景观系统是城市"全生态体"中的一个子系统，是城市环境的有机组成部分，也是与人密切相关的外部环境要素。因此，景观安全体系除具备系统共有的特征外还具备"三位一体"的特征。具体而言，景观安全包含自身安全、环境安全和人类安全三个部分，三者相互关联、互为影响、不可分割。这种相互关联的结构使景观安全具备"三位一体"的特征。

景观安全是涉及城市生态的复杂体系。影响景观安全的环境因素很多，安全的景观格局担负着维护生态安全的重要功能，有其完善的技术、设计及管理策略。

1.影响景观安全的因素构成景观的要素主要有三大部分

自然景观要素，历史人文景观要素和景观工程要素。前两者是构成景观的重要组成部分，后者是形成现代景观及改造、修复、重建景观的主体，对景观的影响亦最大。

2.景观园林中的城市绿化的安全问题

景观园林中的城市绿化是城市景观系统的主体。从上述分析可知，绿化景观安全包括三层含义：一是绿色植物的生长安全；二是绿化系统对城市环境生态系统的安全；三是绿化景观及设施对人的安全。不同历史时期，绿化景观安全观念范畴有所不同。我国计划经济时期，对城市绿化未给予充分重视，也没有重视绿化景观安全的问题。近年来随着城市化的快速发展，城市绿化进入了高速发展期，也出现了许多问题，如大树进城、城市生态环境建设与保护等，成为人们关注的重点。城市绿化景观与生态也受到了前所未有的重视，相关绿化景观安全的问题也日益显现。

　　建立高效、稳定和经济的绿地群落，是构建安全的绿化景观的基础。关于目前我国城市景观绿化系统存在的主要问题，同济大学的刘滨义教授曾总结如下六条：①求"量"不求"质"；②城市绿化"孤立化"；③绿化规划布局模式僵化；④城市绿地系统规划理论滞后；⑤建筑优先，绿地填空；⑥绿地规划设计缺乏内涵。此外，在急功近利的"快餐文化"背景下，城市绿化景观追求"一次成型"的模式，绿化的园艺技术和工程技术被极度重视和过度放大，贪快求简，植物越种越密，树木径级越选越大，人工雕琢越来越细，"物理"的、"视觉"的实效被片面追逐，生态的过程被忽视，绿地成本及后期维护费用提高，生物群落退化加快，导致其更新加快，其直接威胁到了城市景观系统中绿化的生态安全，尤其是植物自身生长的安全。与绿色植物相关的生物群落生存亦遭破坏，从而危及城市环境的生态安全。

　　众所周知，绿色植物是维持地球生态系统的基础生产者，每个区域均有特定的植物群落特征及与之相应的生态系统，而城市化的后果是自然绿地系统大多被人工植被所取代或重建，实质上是破坏了整个片区原有生态系统的基础，其危害性不言而喻。

　　3. 涉及城市景观安全的几个理论概念

　　构建安全、合理、可持续的城市景观系统涉及几个重要的概念，分别是景观环境的生态承载力，景观生态安全度，景观生态能量级。

　　（1）生态承载力

　　亦称"承载能力"，起源于生态学，其含义是用衡量特定区域在某一环境条件可持续某一物种个体的最大能量。世界自然保护同盟、联合国环境规划署及世界野生生物基金会在《保护地球》一书中为生态承载力下的定义为：一个生态系统所能支持的健康有机体及维持它的生产力、适应能力和再生能力的容量。引申该概念之后，生态承载力可用来衡量一个景观生态系统的生态安全度。

　　（2）景观生态安全度

　　是维持城市景观生态安全所需要的最低生态阈值，是城市景观生态安全程度或等级的反映。如城市中植物绿化的数量，即绿量值，在某个特定区域，若达不到一定的植物绿量，将使环境中诸如空气质量、噪声、温湿度等各物理因素达不到有效的调控作用。欲提高城市景观生态安全度，涉及城市人口密度、土地开发强度、建筑密度、绿地系统格局、景观环境容量、环境生态伦理的公众教育等多个方面。

　　（3）景观生态能量级

　　生态能量级是能量生态学的概念，主要研究生态系统中能量流动与转化，认识生态系统形成、发育、发展与再生过程中各生态因子之间的物理关系，对揭示生态系统本质有重要作用；是研究和鉴定生态系统是否安全和健康的有效理论方法；是制定生态调控法则的重要基础依据，引入景观生态系统；可以用以调控城市景观系统的无度、无序建设，是评价和保护城市景观系统的重要指标。

　　4. 城市景观生态系统的评价模式框架

　　根据目前涉及城市环境、城市生态安全评价的各种指标体系特点，总结起来主要有以下几类。

（1）以迈斯·瓦克内格尔等提出的"生态足迹"概念，以及其计算模型为代表的具体的生物物理衡量的指标体系。

（2）经合组织的 PSR 模式。

（3）生态系统健康评价指标。

景观生态系统健康与否是一个相对的概念，系统健康的状况通过等级来划分，通过多因素和多指标的综合评价而得出结论。城市景观系统具有开放性，对城市及以外自然生态系统有很强的依赖性。不健康的人类行为如景观污染及其他生态等系统的不健康因素均会迅速传输到景观生态系统，并且景观生态系统的健康与否也直接影响城市生态系统的安全与健康。

关于景观生态安全与健康问题的研究目前还处于初期阶段，有许多细节问题尚待深入分析，因其涉及自然、人文及人类生存的诸多方面，其复杂性远非三言两语能论述透彻，但随着研究的不断深入，许多切实可行的理论方法及措施将应用到景观设计实践中来，将会对目前景观规划设计中存在的许多问题提供更有效的解决方法，将在改善城市生活环境，保障城市生态系统安全、健康的运行，保障城市整体可持续发展等方面发挥应有的作用。

（二）景观园林建筑对环境健康的重要性

1.景观园林建筑中城市景观健康的含义

城市景观系统中，景观健康与景观安全是两个并列的概念，两者既相互联系又各自独立，有独立的内涵和外延。景观健康问题的提出是基于系统的概念，保障整个景观系统的健康发展，也就保障了城市环境的健康及人的健康。

城市景观系统是整个生态有机体的一个组成部分，就像一个有机体一样，有其自身的发展规律。在研究景观系统的生存、发展及更新过程中，及时"诊断"其存在的病症并采取相应修复措施是景观健康的主要任务。景观健康研究的主要内容包括研究城市景观系统中存在的主要"病症"及原因，分析景观各因子的运行状况及相互作用，对景观规划、设计、建设、修复、重建、再生的各个过程进行监控，预测可能存在或出现的缺陷，保持人文及自然景观的多样性，提高景观系统自我修复能力。

为进一步解析景观健康问题，引入了"景观污染"的新概念。景观污染是对景观系统健康造成威胁的诸要素的综合，它包括设计过程、建设过程、维护过程中的各种对景观自身及人类自身健康有损害的人类行为。不可否认的是，目前城市景观体系中存在许多缺陷，这种缺陷或受损的景观斑块，实质上就是景观污染的具体体现之一。故景观污染的形成主要是人为因素，自然因素较少。这一概念的提出，有利于发现和解析人类景观建设行为过程中的各种有害做法，以便采取事前措施加以避免，也有利于对形成的"景观污染"进行治理，对构建健全可持续的景观体系有十分积极的理论意义和实践指导作用。

2.景观园林建筑中景观健康的三位一体特征

景观系统是城市"全生态体"中的一个子系统，是城市环境的有机组成部分，也是与人密切相关的外部环境要素。因此，景观健康体系除具备系统共有的特征外还具备"三位一体"的特征。

具体而言，景观健康包括自身健康、环境健康和人类健康三个部分。这种相互关联的结构使景观健康具备"三位一体"的特征。

3.景观园林建筑中城市景观生态健康

景观系统的健康对人类自身的健康发展具有十分重要的现实意义，可为公众提供安全、舒适、健康的生存空间，有益于人的身心健康。于是，目前城市绿地规划中提出"城市森林"的概念，并促进了保健型景观园林的发展，如目前比较流行的"森林浴"旅游、保健生态社区的建设及利用植物气味辅助康疗的"香花医院"等。这方面的深入研究也为不同地域城市环境、城市中各类室内外空间的景观设计，尤其是植物景观的设计及植物配置提供了依据。

（1）森林浴

随着人们对植物保健作用的普遍认可，目前世界各国都在森林旅游中引入"森林浴"的概念，我国许多森林旅游区也纷纷开设"森林浴疗养池""森林医院"等设施。

森林中可以产生大量对人体有利的良性物质，包括氧气、负氧离子、抗生素、维生素、微量元素、水蒸气等。植物通过光合作用可产生大量氧气，这些新鲜空气能清肺强身，使人们心旷神怡。植物能产生大量负氧离子，抑制病菌生长，密集的负氧离子对高血压、神经衰弱、心脏病都具有辅助治疗作用。植物产生的抗生素、挥发性物质能杀灭病毒、细菌。除此之外，植物还能产生人体需要的大量维生素、微量元素和水蒸气，滋润干燥的空气，达到人体适宜的湿度，消除静电。而且森林中小溪的流水声、触摸树皮产生的感觉也会让人心旷神怡。故而，"森林浴"受到众多旅游者的欢迎，且"森林浴疗养池""森林医院"也帮助许多疾病患者恢复了健康。

（2）保健生态社区

据以上介绍可知，植物能散发很多种含有杀菌素、抗生素等化学物质的气体，这些物质通过肺部及皮肤进入人体，能够抑制和杀死原生病毒和细菌，起到防病强身的作用。喜树、水杉、长春花等植物散发的气体可抑制癌细胞的生长；松柏科植物枝叶散发的气体对结核病等有防治作用；樟树散发芳香性挥发油，能帮助人们祛风湿、止痛。植物学家们通过对不同植物的长期测试和研究，目前已发现几百种植物对人类具有保健功效。

在社区景观设计中，运用生态位和植物他感原理，把具有保健功能的植物合理配置成群落，即可形成具有祛病强身功能的保健生态社区。保健生态社区的绿地率和绿视率很高，以具有保健作用的植物为基调树，总体空间布局按中医五行学说设计。由于它符合崇尚自然、追求健康的时尚潮流，目前此种园林模式备受房地产开发商和广大城市居民的欢迎。

（3）净化空气的植物配置

净化空气的植物配植、对大气污染吸收净化能力强的绿化树种和室内净化空气的花草有很多种，在植物配植中应该掌握因地制宜、因景制宜和生物多样性的原则。植物对大气污染吸收的净化能力。

4.景观园林建筑中影响绿化生态健康的植物组合

一般来说，营造两种以上的混栽林，可改善土壤条件，提高防护效果。但如果混栽不当，不但树种间相互抑制生长，而且病虫害发生严重，给生产造成不应有的损失。下面就举出几种不宜混栽的组合。

（1）苦楝与桑树混栽

苦楝树体内普遍存在一种叫楝素的有毒物质，它对昆虫有较大拒食内吸、抑制发育和杀灭作用，对蚕同样有毒性。它的花毒性更大，如果落于桑园内，有毒物质挥发熏蒸后，采叶饲蚕即会发生急性中毒。

（2）橘树与桑树混栽

橘叶的汁液是多种成分组成的混合物，其中主要有芳香油、单宁及多种有机酸等物质。对蚕能起过敏反应的物质主要是芳香油类。芳香油能引起蚕忌避拒食和产生胃毒作用，对养蚕极为不利。

（3）桧柏与苹果、梨树、海棠混栽

桧柏与苹果、梨树、海棠混栽或在果园附近栽植桧柏，就容易发生苹桧锈病。苹桧锈病主要危害苹果、梨、海棠的叶片、新梢和果实，而桧柏就是病菌的转主寄主。这种病菌危害苹果、梨树、海棠后，会转移到桧柏树上越冬，危害桧柏的嫩枝，次年继续危害苹果、梨、海棠。因此，它们不能混种在一起。

（4）云杉与稠李混栽

混栽后容易发生云杉球果锈病，染病球果提早枯裂，使种子产量和质量降低，严重影响云杉的天然更新和采种工作。

（5）柑橘、葡萄与榆树混栽

榆树是柑橘星天牛、褐天牛喜食的树木。若在柑橘、葡萄园栽植榆树，则会诱来天牛大量取食和繁衍，继而严重危害柑橘。此外，还易造成葡萄减产。另外，果园附近也不宜栽植泡桐。果树的根部常发生紫纹羽病，轻者树势衰弱，叶黄早落，重者枝叶枯干，甚至会全株死亡。泡桐是紫纹羽病的重要寄主，因而加重果园紫纹羽病的发生营造两种以上树种的混栽林，可以改善土地条件，提高防护效果，增强抗御火灾、病虫害的能力。但是，并不是任何树种间混栽都是有益的，不良的混栽类型不但树种间相互抑制生长，而且病虫害发生严重。比如杨树与落叶松混栽，如小叶杨、青杨、北京杨、加杨、山杨等杨树黄锈病（或叫黄粉病）的转寄主为落叶松，当年最早发病，然后侵染松树叶片，引起早期落叶、枯梢、翌年发叶迟、叶小，严重妨碍材积生长量。

（6）毛白杨与桑科树混栽

毛白杨与桑、构、柘等桑科树种混栽，毛白杨受桑天牛的危害严重。这是因为桑天牛成虫需啃食桑科树种嫩皮补充营养才能产卵孵化为幼虫，然后再危害毛白杨；没有桑科树种，桑天牛就不能产卵，从而无法存活。

（7）云棚与落叶松混栽

易发生落叶松球蚜，蚜虫先在云杉上不断进行有性繁殖，不仅给落叶松造成严重危害，而且被弱虫刺激过的落叶松组织易感染癌肿真菌孢子。

（8）油松与黄波罗混栽

这两个树种混栽，易发生松针锈病，感染严重，且迎风面重于背风面。

（9）苹果与梨混栽

苹果和梨混栽，共患锈果病害，但梨树只带病毒不表现症状；而苹果感病后，产量减少，品质下降，不能食用，甚至毁树绝产。

5. 生态保健型植物群落

园林绿地的各种效益都是服务于人，园林植物也不例外。绿色植物不仅可以缓解人们心理和生理上的压力，而且植物释放的负离子及抗生素，还能提高人类对疾病的免疫力。据测试，在绿色植物环境中，人的皮肤温度可降低 1 ~ 2℃，脉搏每分钟可减少 4 ~ 8 次，呼吸慢而均匀，心脏负担减轻，另外森林中每立方米空气中细菌的含量也远远低于市区街道和超市、百货公司。植物配置中的生态观还应落实到人，为人类创造一个健康、清新的保健型生态绿色空间。营造生态保健型植物群落有许多类型，如体疗型植物群落、芳香型植物群落、触摸型植物群落、听觉型（松涛阵阵、杨树沙沙、雨打芭蕉等）植物群落等。设计师应在了解植物生理、生态习性的基础上，熟悉各种植物的保健功效，将乔木、灌木、草本、藤本等植物科学搭配，构建一个和谐、有序、稳定的立体植物群落。

松柏型体疗群落或银杏丛林体疗群落属于体疗型植物群落。在公园和开放绿地中，中老年人在进行体育锻炼时可以选择到这些群落中去。银杏的果、叶都有良好的药用价值和挥发油成分，在银杏树林中，会感到阵阵清香，有益心敛肺、化湿止泻的作用，长期在银杏林中锻炼，对缓解胸闷心痛、心悸怔忡、痰喘咳嗽均有益处。面对松树林呼吸锻炼，会有祛风燥湿、舒筋通络的作用，对于关节痛、转筋痉挛、脚气痿软等病有一定助益。而柏科及罗汉松科植物也有一定的养生保健作用。

构建芳香型生态群落，香樟、广玉兰、白玉兰、桂花、蜡梅、丁香、含笑、栀子、紫藤、木香等都可以作为嗅觉类芳香保健群落的可选树种。在居住区的小型活动场所周围最适宜种植芳香类植物群落为居民提供一个健康而又美观的自然环境。形式上可采用单一品种片植或几种植物成丛种植，丛植上层可选香樟、白玉兰、广玉兰、天竺桂等高大健壮的植物，也是丛植的主景树；中间可选桂花、柑橘、蜡梅、丁香、月桂等，也可以作为上层植物；下面配置小型灌木如含笑、栀子、月季、山茶等；酢浆草、薄荷、迷迭香、月见草、香叶天竺、活血丹等可以配在最下层或林缘，同时地被开花植物也是公园绿地和居住区花坛、花境的良好配置材料。其他如视觉型、触摸型生态群落，也是园林各种绿地植物配置的模式。

关于景观生态健康问题的研究目前还处于初期阶段，有许多细节问题尚待深入，因其涉及自然、人文及人类生存的诸多方面，其复杂性远非三言两语能论述透彻。但随着研究的不断深入，许多切实可行的理论方法及措施将应用到景观设计实践中来，将会对目前景观规划设计中存在的许多问题提供更有效的解决方法，将在改善城市生活环境，保障城市生态系统安全、健康的运行，保障城市整体可持续发展方面发挥一定的作用。

（三）景观园林建筑在空间上的重要性

景观园林建筑的主要功能之一就是为人提供室内外的休闲活动空间。景观园林中的建筑是人进行活动的重要场所，如休息、会客、学习、娱乐等，是人欣赏、享受自然的载体，人们可以在景观园林建筑所营造的优美空间中惬意地倾听悦耳的鸟鸣、潺潺的水声、飒飒的风声、呼吸清新的空气和感受花木的芳香等。

景观园林建筑所营造的室外绿化空间是人们重要的户外活动场所。植物绿化可以净化空气、调节微气候、减少噪声污染，保证人们在游乐、休闲的同时还可以开展户外体育运动，锻炼身体，增进健康。由此可见，景观园林建筑为人提供了丰富的活动空间和场所。

（四）景观园林建筑在视觉及审美上的重要性

景观园林建筑是为公众服务的，它之所以被认为具有风景旅游价值，就是因为它可以在不同程度上引起人们的美感，符合形式美的原则，能在时空上引起审美主体的共鸣。审美主体是审美活动的核心，审美潜意识水平是美感质量的基础，自然属性和社会属性的特征直接决定着审美效应的大小。于是可以对审美主体的美感层次进行划分（这种划分与景点级别划分具有本质区别），并采取相应的设计对策。

景观园林建筑在视觉及审美上的重要性体现在多个方面，其中景观园林中兴奋点（或敏感点）的设计是满足人各种感官审美需求的重要环节。景观园林中兴奋点（或敏感点）应从两个审美层次去认识。

1. 安全感是公众审美的基本要求是产生美感的基本保障

它构成美感的基本层次。这种要求反映在游人对整个审美过程对所经历环境的总体了解，以及在不同视点位置上空间平立面可视性状况和变化频率等各个方面。例如，一个在森林中迷路的人就很难再有心情去欣赏四周美丽的风景；路途崎岖、沟壑难料的环境会使游人望而生畏。因而，起码的安全感对公众来说是必要的。当然，有时适当的冒险也会刺激游人的审美欲望，这在一定程度上起到兴奋点的作用。但对于工作生活节奏快、社会压力大的现代人来说，环境中过多的冒险是不适合的。安全感是一个基本要素，这往往是产生美感的必要前提。

2. 自然风景能够使人心旷神怡其根本原因在于它能适应人的审美要求

满足人们回归自然的欲望。这在美感层次上表现为一系列的美感平台，即各种相互融合的风景信息可以提供一个使人心旷神怡的环境，给人以持久的舒适感。随着风景场所的转换，不断有新的风景信息来强化对游人的刺激，使美感平台缓慢波动。但总的来看，在一定时间内，平台"高度"会逐渐上升，达到一个最高点后再缓慢下降。这时，若没有新的较强烈的风景信息进一步强化刺激，游人的美感平台"高度"将继续下降，直到恢复原来的状态。当处于平台区的审美主体受到强烈的风景信息刺激时，美感层次会在前一个平台基础上：急剧上升，使审美主体获得极大的审美享受，而后再缓慢下降进入下一个平台区。新的平台"高度"会因兴奋点的特征及审美主体的审美潜意识而比前一个平台有不同程度地提高，并对整个审美过程产生深远的影响。一次审美活动美感的强弱在很大程度上取决于兴奋点的数量和质量。只有在安全感的基础上，平台区与激变区反复促进才能使审美主体的审美感受一层层递进，获得较好的审美效应。否则，若审美主体的美感只局限于一两个平台区内，就很难达到理想的审美效果。

从以上分析可以看出，兴奋点在美感的形成过程中起着非常重要的作用。所以，景观园林设计人员在景观设计中应突出兴奋点设计这根主线，在合理安排景观生态和观赏效果的同时，因地制宜，巧妙设计兴奋点。只有这样，才能适应当前公众审美素质水平的现实，充分发挥景观园林在视觉及审美方面的作用。

事实上，我国传统造园理论非常重视意境创造。"一峰则太华千寻，一勺则江河万里"，方寸之间，意境无穷，这实际上是兴奋点创造的一种形式。例如，欲扬先抑是中国古典园林的典型对比手法，为了表现空间的开阔，先营造一个压抑的预备空间，使游人在充分压抑之后豁然开朗。这种对比的强化，实际上就是一种兴奋点设计。如果没有预先的压抑，让游人直接进入开朗空间，虽然也会给人以开阔、舒畅之感，却不会产生兴奋感，美感层次处于一个平台上。而增加了一个预备空间，则能使游人美感层次经过兴奋点进入一个更高的平台，达到强化审美的效果。

（五）景观园林建筑对文化、国家及社会的重要性

国家的进步、社会的发展离不开对文化的保护与发展，景观园林建筑是继承和发展民族及地域文化的重要载体，人居环境的建设与景观园林建筑的发展息息相关，自有人类便有人居环境。人类经历了巢居、穴居、山居和屋宇居等阶段，直到目前人类仍然在探索适宜的人居环境。现代的趋势不仅在于居住建筑本身，更着眼于环境的利用与塑造。从居住小区到别墅豪宅无不追求山水地形的变化，形成现代建筑与山水融为一体之势。20 世纪末国际建筑师协会在北京宣告的《北京宣言》中指出，新世纪"要把城市和建筑建设在绿色中"，足见景观园林在人居环境中不可代替的重要性。未来发展的方向，不仅注重人居室内环境的建设，更侧重于人居室外的园林环境的营造。

人居环境宏观可至太空，中观可至城市及农村，微观可至居住小区乃至住宅，无不与环境发生密切的关系。中国人居环境的理念是"天人合一"，强调人与天地共荣。其中也包含"人杰地灵""景因人成""景随文传"等人对于自然的主观能动性。即使创造艺术美，也是"人与天调，然后天下之美生"（《管子·五行》）。因此，中国古代有"天下为庐"之说。其中主要是体现用地之地宜，兼具顺从与局部改造的双重内容。生产是手段，经济利

益不可片面追求，我们的目的是保证持续发展的天人共荣、兴世利民。景观园林建筑不是自有人类就有的。人类初始，居于自然之中而并未脱离自然。随社会进步，人因兴建城镇与建筑而脱离了自然，却又需求自然的时候就逐渐产生了景观园林。古写的"艺"字是人跪地举苗植树的象形反映。人不满足于自然恩赐的树木，在需要的土地上人工植树，这是恩格斯所谓"第二自然"的雏形和划时代的标志。在园圃等形式的基础上发展出囿、苑和园，在西晋就出现了"园林"的专用名词。现代的中国景观园林建筑概念是要满足人类对自然环境在物质和精神方面的综合要求，将生态、景观、休闲游览和文化内涵融为一体，为人民长远的、根本的利益谋福利。景观园林从城市园林扩展到园林城市、风景名胜区和大地园林景观，景观园林是最佳的人居环境。景观园林不仅为人居环境创造自然的条件和气氛，同时也渗透以文化、传统和历史。人们不仅从自然环境中得到物质享受，也从寓教于景的环境中陶冶精神，获得身心健康，延续和传承历史文化，体现时代、民族和国家的文化。

景观园林建筑在文化方面的重要性还体现在人居环境建设的其他方面，是一个社会及国家物质与精神文明的体现，反映了人类对景观园林建筑文化艺术的需求，与其他文化艺术形态相辅相成。中国传统景观园林艺术从历史上讲，是从诗、画发展而来的。苏东坡评价王维（字摩诘）的诗画强调："观摩诘之画，画中有诗，味摩诘之诗，诗中有画"，由此更可想见，摩诘之园林定是凝诗融画之作。所以到明代计成总结中国景观园林的境界和评价标准时提到："虽由人作，宛自天开"八个字。中国现代美学家李泽厚先生认为，中国景观园林是"人的自然化和自然的人化"。这都与"天人合一"的宇宙观一脉相承。其中，"天开"和"人的自然化"反映科学性，属物质文明建设；而"宛自天开"和"自然的人化"反映艺术性，属精神文明建设。中国文学讲究"物我交融"，绘画追求"似与不似之间"，景观园林"虽由人作，宛自天开气充分说明景观园林是文理交融的综合学科，如文学之"诗言志"、景观园林之"寓教景"等。中国人对景观园林景观的欣赏不单纯从视觉考虑，同时要求"赏心悦目"，要求"园林意味深长"，有花有鸟的环境中挂一副"看花笑谁""听鸟说甚"的对联，"宁可食无肉，不可居无竹。无肉令人瘦，无竹令人俗"的古意就更发思古之幽情了。

此外，景观园林建筑是一种城市及大地环境的美化和装饰，可反映一个国家及地区物质生活、环境质量、政治文明的水平。可见景观园林对陶冶情操、提高人文素质、营造人居环境、构建和谐社会的重要性。

二、风景园休建筑的作用

景观园林建筑不但为人提供室内的活动空间和场所、提供联系室内外的过渡，还对景观园林中景观的创造起到积极的作用。

在农业时代（小农经济时代），其社会特点是小农经济下养活一个贵族阶层，景观园林的创造者最终是主人而不是专业设计师，因而有"七分主人，三分匠"之说。景观园林师仅仅是艺匠而已，并不是独立的创造者，即使是雷诺或计成，也只是听唤于皇帝贵族的高级匠人而已。因地球上景观的空间差异和农业活动对自然的适应结果，出现了以再现自然美为宗旨的景观园林风格的空间分异和不同的审美标准，包括西方造园的形式美和中国造园的诗情画意。但不论差异如何，都是以唯美为特征的，几乎在同一时代出现的圆明园和凡尔赛宫便是这一典型。

大工业时期（社会化大生产时代），景观园林的作用是为人类创造一个身心再生的环境，创作对象是公园和休闲绿地，为美而创造，更重要的是为城市居民的身心再生而创造。工业时代的一个重要突破是职业设计师的出现，其代表人物是美国现代景观园林之父奥姆斯特德（Olmsted）。从此，真正的出现了为社会服务的具有独立人格、为生活同时是为事业而创作的职业设计师队伍，而不是少数贵族的附庸。景观园林学真正成为一门学科，登上世界最高学府的大雅之堂，并成为美国城市规划设计之母体和摇篮。

由于对公园绿地与城市居民身心健康与再生关系的认识，城市绿化面积和人均绿地面积等指标往往被用来衡量城市环境质量。但如果片面追求这些指标而忽略其背后的功能含义，景观园林专业便失去其发展方向。

后工业时代（信息与生物、生物技术革命、国际化时代），景观园林的任务则是维系整体人类生态系统的持续。景观园林专业的服务对象不再限于某一群人的身心健康和再生，而是人类作为一个物种的生存和延续，这又依赖于其他物种的生存和延续以及多种文化基因的保存。维护自然过程和其他生命最终是为了维护人类自身的生存。这一时代，景观园林规划的作用是协调者和指挥家，他所服务的对象是人类和其他物种，他所研究和创作的对象是环境综合体，其指导理论是人类发展与环境的可持续论和整体人类生态系统科学，包括人类生态学和景观生态学。其评价标准包括环境景观生态过程和格局的连续性和完整性、生物多样性和文化多样性及含义，所要创造的人居环境是一种可持续景观。

总结起来，景观园林建筑在园林景观组织方面主要有以下几个作用。

（一）点景、构景与风格景观园林建筑有四个主要构成要素

即山、水、植物、建筑。在许多情况下，建筑往往是景观园林中的主要画面中心，是构图中心的主体，没有建筑就难以成景，难言园林之美。点景要与自然风景融汇结合，或易于近观的局部小景或成为主景，控制全园布局，景观园林建筑在园林景观构图中常有画龙点睛的作用。重要的建筑物常常作为景观园林的一定范围内甚至是整个园林的构景中心，景观园林的风格在一定程度上取决于建筑的风格。

（二）赏景

赏景即观赏风景。作为观赏园内外景物的场所，一栋建筑常成为画面的关键，而一组建筑物与游廊相连成为洞观全景的观赏线。因此，建筑的位置、朝向、开敞或封闭、门窗形式及大小要考虑赏景的要求，使观赏者能够在视野范围内摄取到最佳的景观效果。景观园林中的许多组景手法如主景与次（配）景、抑景与扬景、对景与障景、夹景与框景、俯景与仰景、实景与虚景等均与建筑有关。

（三）组织游览路线

景观园林建筑常常具有起承转合的作用，当人们的视线触及某处优美的园林建筑时，游览路线就会自然而然的延伸，建筑常成为视线引导的主要目标。景观园林对于游人来说是一个流动空间，一方面表现为自然风景的时空转换，另一方面表现在游人步移景异的过程中。不同的空间类型组成有机整体，向游人展示丰富的连续景观，就是景观园林景观的动态序列。作为风景序列的构成，可以是地形起伏、水系环绕，也可以是植物群落或建筑空间，无论是单一的还是复合的，总应有头有尾，有放有收，这也是创造风景序列常用的手法。景观园林建筑在景观园林中有时只占有 1 ~ 2% 的面积，因使用功能和建筑艺术的需要，对建筑群体组合的本身以及对整个园林中的建筑布置，均应有动态序列的安排。对一个建筑群组而言，应该有入口、门厅、过道、次要建筑、主体建筑的序列安排。对整个景观园林而言，从大门入口区到次要景区，最后到主景区，都有必要将不同功能的景区有计划地排列在景区序列轴线上，形成一个既有统一展示层次，又有多样变化的组合形式，以达到应用与造景之间的完美统一。

（四）组织园林空间

景观园林设计中空间组合和布局是重要的内容，景观园林常以一系列的空间变化巧妙安排给人以艺术享受，以建筑构成的各种形式的庭院及游廊、花墙、圆洞门等恰是组织空间、划分空间的最好手段。分隔空间力求从视觉上突破园林实体的有限空间的局限性，使之融于自然、表现自然。为此，必须处理好形与神、景与情、意与境、虚与实、动与静、因与借、真与假、有限与无限、有法与无法等种种关系。如此，则把园内空间与自然空间融合和扩展开来。比如漏窗的运用，使空间流通、视觉流畅、隔而不绝，在空间上起互相渗透的作用。在漏窗内看，玲珑剔透的花饰、丰富多彩的图案，有浓厚的民族风味和美学价值；透过漏窗，竹树迷离摇曳，亭台楼阁时隐时现，远空蓝天白云飞游，造成幽深宽广的空间境界和意趣。如中国传统景观园林中院落组合的手法，在功能上艺术上是高度的结合。以院为单元可创造出多空间并具有封闭幽静的环境。结合院落空间可以布置成序列的景物。其中，四周以廊围起的空间组合方式—廊院，其结构布局，属内外空透，相互穿插增加景物的深度和层次的变化。这种空间可以水面为主题，也可以花木假山为主题景物，进行组景。成功的实例很多，如苏州沧浪亭的复廊院空间效果；北京静心斋廊院、谐趣园；西安的九龙汤等。

较典型的还有民居庭院，分城市型与乡村型；分大院与小院。随各地气候不同、生活习惯不同，庭院空间布局也多种多样。随民居类型又分为有前庭的、中庭及侧庭（又称跨院）、后庭等。民居庭院组景多与居住功能、建筑节能相结合。如"春华夏荫覆"（唐长安韩愈宅中庭）。北京四合院不主张植高树，因北方喜阳，不需太多遮阳，所见庭内多植海棠、木瓜、枣树、石榴、丁香之类的灌木。也有作花池，花台与铺面结合组景的。在北方庭内水池少用，因冰冻季节长且易损坏。稍大的北京桂春园、鉴园、半亩园属宅旁园，园内多有廊虎连续，曲折变化，园路曲径通幽，也有池榭假山等。近现代庭园宜继承古代的优良传统，如节能、节地（指咫尺园景处理手法）优秀的组景技艺等，扬弃不必要的亭阁建筑、假山，而代之以简洁明朗的铺面、草坪，花、色、香、姿的灌木，兼少数布石、水池的处理方式，可得到较好的效果。

此外，景观园林建筑中数量、种类庞大的建筑小品在景观园林空间的组织当中亦发挥着巨大的作用。如廊、桥、墙垣、花格架等是组织和限定空间的良好手段，较高大的楼、阁、亭、台、塔等建筑在组织和划分景区中也起着很好的引导明示作用。

三、景观园林建筑的使命

传统意义的景观园林起源很早。无论是东方还是西方，均可追溯到公元前 16 ~ 11 世纪，在这一漫长的发展历程中，学科所涉及的内容、含义、功能、作用和使命等也发生了很大变化。随着社会的发展、环境的变迁、技术的进步以及现代人需求和理念的诸多变化，景观园林的发展也进入了一个全新的时代，这门具有悠久历史传统的造园、造景的学科，正在扩大其研究领域，向着更综合的方向发展，在协调人与自然、人与社会、人与环境、人与建筑等相互关系方面正担负起日益重要的角色。展望未来，现代景观园林发展应担负的使命和努力的目标特征有以下几点。

（1）作为一门学科和专业，在传承历史的基础上进一步与国际及现代景观设计理念接轨，进一步完善学科体系及学科教育体系，消除学科概念的争议。

（2）敦促政府实施景观园林师或景观设计师的职业化，维护景观园林规划设计的水准及执业师的地位。

（3）在相关行业中普及景观园林建筑的知识，以提高人居环境的质量。建设部选定《景观园林规划与设计》作为全国注册建筑师继续教育指定用书，说明国家已充分关注这一问题。

（4）在重视景观园林艺术性的同时，更加重视景观园林的社会效益、环境效益和经济效益。

（5）保证人与大自然的健康，提高自然的自净能力。

（6）运用现代生态学原理及多种环境评价体系，通过园林对环境进行针对性的量化控制。重视园林绿化和健康性，避免因绿化材料等运用不当对不同人群所带来的身体过敏性刺激和伤害。

（7）在总体规划上，树立大环境的意识，把全球或区域作为一个全生态体来对待，重视多种生态位的研究，运用景观园林来调节。绿色思想体系指导下的高技术运用在景园发展中的作用日益显著。

（8）全球景观园林向自然复归、向历史复归、向人性复归，风格上进一步向多元化发展，在同建筑与环境的结合上，景观园林局部界限进一步弱化，形成建筑中有园林、园林中有建筑的格局，城市向山水园林化方向发展，但应注重保护和突出地方特色。

第四节　景观园林建筑与可持续发展

一、关于可持续发展

20 世纪 60 年代末 70 年代初，几乎所有著名的西方学者都在不同程度上谈论过某些最尖锐的重大问题，如核战争、粮食奇缺、生物圈质量恶化、物资福利分配不均、能源和原料短缺等。西方的一些科学家组成了罗马俱乐部，并提出了关于人类处境报告——《增长的极限》，这个报告为沉醉于 20 世纪 60 年代经济和技术增长的巨大成就的西方世界敲响了警钟：地球容纳量是有限的，经济增长不可能长期持续下去，如果人口和资本"按照现在的方式继续增长，最终的结果只能是灾难性的崩溃。《增长的极限》的问世，震动了世界，有力地唤起了世界人民的普遍觉醒，推动了绿色文化的形成和绿色运动的兴起。人们重新审视"经济增长"的概念，使这个概念开始具有了"净化的增长""质量增长"或"适度增长"的新含义，为可持续发展观的提出做了理论准备。20 世纪 70 年代以来，发达国家先后成立了"地球之友""绿色和平组织"和以保护生态环境为宗旨的政党——绿党。世界各国也建立了生态和环境保护机构，出现了生态哲学、生态伦理学等新学科，绿色理论不断深化。有学者把绿色理论分为"浅绿色理论"和"深绿色理论"两大流派。

"浅绿色理论"认为，人类所面临的生态危机并不可怕，只要政府"推行一些必要的环境政策和相应的科学技术手段"，便可以解决生态恶化的问题。

"深绿色理论"认为，不从根本上改变现存的价值观念和生产消费模式，人类的危机是无法解决的。因此，持这种思想的人用新的生态理论，向人类主宰世界的"中心论"提出挑战。他们提出要用"绿色"文明取代工业主义的"灰色"文明，用"节俭社会"代替"富裕社会"，用满足必要生活资料的"适度消费"代替"满足无限制的欲望"的"高度消费"。深绿色理论已经达到了"可持续发展"的思想高度。

世界自然保护联盟在《世界保护策略》中首次使用了"可持续发展"的概念，并呼吁全世界"必须研究自然的、社会的、生态的、经济的以及利用自然资源过程中的基本关系，确保全球的可持续发展，以挪威首相布伦特兰夫人为主席的世界环境与发展委员会公布了里程碑式的报告——《我们共同的未来》，向全世界正式提出了可持续发展战略，得到了国际社会的广泛接受和认可。

在巴西里约热内卢召开了联合国环境与发展会议，因有 102 位国家元首和政府首脑参加，故又称之为全球首脑会议。这次会议通过了《里约环境与发展宣言》和《21 世纪议程》

两个纲领性文件以及《关于森林问题的原则声明》，签署了《气候变化框架公约》和《生物多样性公约》。这次大会的召开及其所通过的纲领性文件，标志着可持续发展已经从少数学者的理论探讨开始转变为人类的共同行动纲领。

在众多的定义中，布伦特兰夫人主持的《我们共同的未来》报告中所下的定义，被学术界看作是对可持续发展做出的一个经典性的解说。这个定义是："持续发展是既满足当代人的需要，又不对后代人满足其需要的能力构成危害的发展。"它包括两个重要的概念："需要"的概念，尤其是世界上贫困人民的基本需要，应将此放在特别优先的地位来考虑；"限制"的概念，用技术状况和社会组织对环境满足眼前和将来需要的能力施加限制。

当代人类和未来人类的基本需要的满足是可持续发展的主要目标，离开了这个目标的"持续性"是没有意义的；社会经济发展必须限制在"生态可能的范围内"，即地球资源与环境的承载能力之内，超越生态环境"限制"就不可能持续发展。可持续发展是一个追求经济、社会和环境协调共进的过程。因此，从广义上说，持续发展战略旨在促进人类之间以及人类与自然之间的和谐。

时任中华人民共和国国务院环境保护委员会主任宋健在为《我们共同的未来》中文版撰写的"序言"中指出，这个研究报告把环境和发展这两个紧密相连的问题作为一个整体加以考虑，强调人类社会的发展只有以生态环境和自然资源的持久、稳定的支持能力为基础，而环境问题也只有在社会和经济持续发展中才能得到解决。因而，只有正确处理眼前利益与长远利益、局部利益与整体利益的关系，掌握经济发展与环境保护的关系，才能使这一涉及国计民生和社会长远发展的重大问题得到满意的解决。这一席话，抓住了经济发展与环境保护这两个可持续发展的关键问题，深刻阐述了可持续发展的精神实质。

二、可持续发展的景观园林建筑

进入 21 世纪的今天，信息化时代的状况与工业革命初期相比较，人类已经向前迈出了巨大的一步。人类所拥有的物质基础、改变世界的能力、面临的问题与困难以及人类的思维方式都发生了根本性的改变，考察工业革命之后的城市发展的过程不难理解，城市已经突破了具体的物质环境营造的概念，演化为一个极为复杂的社会系统工程。相随的城市规划及景观园林环境理论几乎涉及了人类文明的所有领域，各学科的交叉、介入促进了城市规划理论的完善与发展。景观园林建筑的可持续发展在城市规划的层面上也表现出新的特点，要求我们去探索新的发展模式。

（一）城市规划层面景观园林建筑的发展模式

1. 保留一系列的自然原生的风景景观要素

布伦特兰委员会提出"可持续发展"的思想已经成为世界各国经济发展的共同纲领。"可持续发展是既满足当代人的需要，又不对后代人满足其需要的能力构成危害的发展"。这一思想以两个关键因素为基础，一是人的需要，二是环境限度。发展的目的是满足人类的需要，这包括当代人、后代人的需要，特别是世界贫困人口的基本生活需要；环境限度是对人类活动施加限制，对满足需要的能力施加限制，确保生态环境的持续性，在不超出生态系统的承载能力的限度下改善人类生活质量。

把生态环境的持续作为人类生存的前提，正确表述了人类与地球生态圈的关系。所以，在城市景观园林的系统研究中把生态环境的持续作为城市发展的首要目标是一种必然的发展趋势。

2. 吸取独特的地区文化

塑造一个协调多样、富有特色的城市环境景观风貌城市是人类活动物化过程的产物。它客观、真实地记载了人类文明的进程，是人类文化和科学技术的结晶，表述了在不同历史阶段人类对自然环境的认识、理解，是一部用石头写在大地上的人类文明史。由于地域和历史的原因，城市的结构方式、建造技术等经过长期的自然选择和历史沉淀，表现出了人类文明应有的多元性和地域特征。中华民族是一个历史悠久、文化灿烂的民族，我国许多区域和城市拥有丰富多彩的文化遗产和优秀卓越的文化基因。在城市的发展过程中，中国传统文化在节节退化、消失，濒临"灭绝"；在城市形态上可以看到地方性和历史特征的丧失，取而代之的是城市面貌的千篇一律。

进入 21 世纪，信息产业加快了全球一体化的进程，这一趋势强调了世界的同一性。当人类建立"可持续发展"的观念时，应该看到这不仅体现在自然资源的永续利用和生态环境的可持续性，更为重要的是应该体现在人类文明和文化的可持续发展上，让城市成为历史、现实和未来的和谐载体是 21 世纪城市发展的目标之一。

3. 规划一系列开放的缓冲性城市

公共空间交往是人的一种基本社会属性。在一定历史阶段，人类的交往方式与生产方式、生活方式相一致，总的趋势是由封闭走向开放，由贫乏走向丰富多彩。当人类由工业社会进入信息社会后，世界经济一体化、社会生活信息化、不断推进的城市化、交通工具的完善和全球化的趋势使人类的交往方式出现了根本性的改变。由于生活节奏的加快，电子通信网络和信息高速公路的建立，人们可以接受和处理更多的外来信息，人们的交往将获得无限的丰富性、快捷性和选择性，人们的交往范围更加广阔，但与此相随的将是广泛交往下人际关系的冷酷与孤独。

以信息处理手段为主体的人际交往在促进人类交往的过程中具有极强的负面影响。虽然人们在交往过程中，现代信息技术增强了人们跨越时间与空间的能力，但"人—机"对话系统却造成了人的孤独和人与人之间的疏离，一旦个人同外界的交往联系主要通过"人—机"系统来完成，那么，它将剥夺人际交往中可以直接接触的机会，使人们陷入一种频繁交往掩盖下的仅仅与机器打交道的孤独，会导致人们心理、感情的失衡。"人—机"对话交往同样会造成社区结构的解体和人际关系的不稳定，在互联网上人们可以跨越时空，与远方的朋友闲聊，对远方的事件发表见解，而对身边的事情丧失兴趣，进而表现出不应有的麻木与漠然，邻里关系越来越生疏，以致不相往来，使社区活动得不到应有的支持而导致社区结构的解体；信息技术促进社会节奏加快，流动性提高，这必然会使人际交往呈现出"短暂性"的倾向，人际关系的稳定性将会削弱。

人际关系的冷漠在 21 世纪将随着信息技术的发展、普及而得到强化，促进人们"面对面"的直接交往是未来城市环境研究的一个主要倾向，应该通过城市物质环境——景观园林的建设适应未来"以短暂性交往为基础，以有限介入为特征"的人际交往方式，因此，以景观园林为主体塑造的一系列开放的缓冲性城市公共空间，将有利于缓解这一问题，保持人类社会生活的和谐。

（二）可持续发展的景观园林建筑设计

基于生态整体论思维的启示，人们在创作过程中开始关注如何降低能源消耗，利用可再生资源，减少污染与废弃物、提高环境质量、提高综合效益等问题，开始强调景观园林建筑与社会行为、文化要素之间的动态协调，形成了可持续发展的景观园林建筑设计的多种设计思路和研究方向。

1. 结合气候的景观园林建筑设计

根据景观园林建筑的规模、重要程度、功能等因素，我们可以将与景观园林建筑运作系统关系密切的气候条件分为三个层次，即宏观气候、中观气候和小气候。

（1）宏观气候：是景观园林建筑所在地区的总的气候条件，包括降雨、日照、常年风、湿度、温度等资料。

（2）中观气候：是景观园林建筑所在地段由于特别地理因素对宏观气候因素的调整。如果建筑地处河谷、森林地区或山区，这种局部性特别地理因素对景观园林建筑的影响就会相当明显。

（3）小气候：主要是指各种有关的人为因素，包括人为空间环境对景观园林建筑的影响。例如，相邻建筑之间的空间关系可直接影响建筑的自然采光、通风及观景、赏景等。

2. 结合地域文化的设计

地域文化是一定区域内人类社会实践中所创造的物质财富和精神财富的综合。景观园林建筑作为地域文化的一种实体表现，反映了景观园林建筑子系统与环境的整体关联性，设计结合地域文化，是要求景观园林建筑积极挖掘地域文化中的特征性因素，将其转化为景观园林建筑的组织原则及独特的表现形式，使景观园林建筑的演进能够保持文化上的特征性和连续性。

3. 效法自然有机体的设计

建筑师对有机生命组织的高效低耗特性及其组织结构合理性的探讨，使生态建筑有与建筑仿生学相结合的趋势。提取有机体的生命特征规律、创造性地用于景观园林建筑创作，是生态建筑研究的又一方向。

（三）可持续发展的景观园林建筑技术

1. 侧重于传统的低技术

在传统的技术基础上，按照资源和环境两个要求，改造重组所运用的技术。它偏重于从乡土建筑、地方建筑角度去挖掘传统、乡土建筑在节能、通风、利用乡土材料等方面的方法，并加以技术改良，不用或少用现代技术手段来达到建筑生态化的目的。这种实践多在非城市地区进行，形式上强调乡土、地方特征。

2. 传统技术与现代技术相结合的中间技术

偏重于在现代建筑手段、方法论的基础上，进行现实可行的生态建筑技术革新。通过精心设计的建筑细部，提高对建筑和资源的利用效率，减少不可再生资源的耗费，保护生态环境如外墙隔热、不断改进的被动式太阳能技术等手段。这类技术实践多在城市地区。

3. 用先进手段达到建筑生态化的高新技术

把其他领域的新技术，包括信息技术、电子技术等，按照生态要求移植过来，以高新技术为主体，即使使用一些传统技术手段来利用自然条件，这种利用也是建立在科学分析研究的基础之上，以先进技术手段来表现。

从做法上讲，突出高技术和技术综合，即景观园林建筑的设计需要多种学科技术人员从头至尾参与，包括环境工程、光电技术、空气动力学等。

生态的景观园林建筑要实现它的基本目标，就必须要有技术的支持。在应用生态建筑技术过程当中，要受到经济的制约。生态建筑采用哪个层次的技术，不是一个单纯的技术问题，当环保和生态利益、经济效益不完全一致时，经济性就是非常关键的。在欧洲，特别是在德国、英国、法国，正在以高技术为主建造生态建筑，他们提出了"高生态就是高技术"的口号。而在发展中国家，由于经济发展水平的原因，技术和材料不够完善，把整个生态技术发展建立在高新技术的基础上比较困难，所以，常采用中、低技术。目前，中、低技术属于普及推广型技术，高新技术属于研究开发型技术。

三、环境景观恢复与重建

随着我国经济的飞速发展，城市化进程在逐步加快，工业、农业、房地产业与城镇基础设施建设的规模也在不断扩大，由此带来的一系列环境、生态及景观破坏问题日益突出。如开山采石问题，由于采石场大多未采取挡土墙等防治水土流失的措施，未进行复垦绿化，就会造成水土流失、泥石流、滑坡、河道阻塞等生态问题，又因在开发过程中未注意保护，未考虑到采石场的位置、角度、坡向和走向及废土、废渣的保留和堆放问题，给后期的生态和景观恢复带来很多困难。有专家估算，被破坏的植被靠天然恢复至少需要 100 年的时间。可见，如何尽快恢复和重建因开发建设而被破坏的环境是关系到人类生存和发展的重要课题。

早期人们更关注因人类过度活动而导致破坏或退化的生态系统，对景观等视觉传达方面的要求并不高。20世纪70年代出现了"恢复生态学"，其产生的背景主要是基于生产实践，经过几十年的发展，已建立了完整的学科体系，对环境生态的恢复与重建发挥了重要作用。此间生态学也与景园建筑学结合，产生了景观生态学，重点研究在景观演变过程中的生态学特性。在此基础上，借鉴恢复生态学的经验与成果，在视觉传达与绿色建筑技术平台之上构建景观再生学理论体系，将大大提高环境整治、生态恢复过程中对景观的关注程度，为系统研究景观形态、景观视觉特性、景观评价、景观心理效应等提供方法和依据，为不同区域、不同类型、不同时期、不同损坏程度的景观恢复或重建提供进一步研究或完善的理论框架及技术体系。同时，探索新的学科体系，有利于景观分支体系的深入研究，有利于景观学与其他学科（如恢复生态学、环境心理学、视觉美学、景观形态学等）的交叉、融合与发展。

环境、景观及生态的恢复与重建问题的提出与经济发展水平有关。因国外城镇建设起步较早，由此引起的环境生态问题发生较早，也较为严重，故对由于人类活动而引起的相关环境生态问题的研究与实践相应也开展得较早和更为深入。

生态重建是以城市开放空间为对象，以生态学及相关学科为基础进行的城市生态系统建设，将城市绿地纳入更大区域的自然保护网络，成为发达国家可持续城市景观建设实践的主要内容。生态重建通常包括以下内容：生态公园建设、废弃土地的生态重建、城市森林、城市绿道体系建设、城市栖息地网络构建、城市雨水、中水的综合循环利用等。

20世纪90年代以来重建矿区等工业废弃地生态环境，实现可持续性发展，得到世界各个采矿工业大国的重视。如德国有丰富的煤炭资源，在20世纪70年代后，煤炭也开始萎缩，人们开始重视废旧矿区的生态恢复与重建问题，尤其是露天开采活动所造成的局部区域生态退化亟待解决。德国在此方面经过多年发展与实践，建立了较为完善的理论方法、体系、法律制度、技术措施及公众意识培育，值得其他各国学习和借鉴。其中，成功的例证之一如德国汉巴赫矿区外排土场的复垦工程，如今该外排土场已被重建成为一个别具特色的风景区。这类景观通常被称为工业之后的景观，其他比较著名的例子还有德国国际建筑展埃姆舍公园中的系列项目、德国萨尔布鲁肯市港口岛公园、德国海尔布隆市砖瓦厂公园、美国波士顿海岸水泥总厂及其周边环境改造、美国丹佛市污水厂公园、韩国金鱼渡公园等。

值得一提的是亚洲地区的第一条数字化铁路青藏铁路。据资料显示，青藏铁路从设计和建设之初，人们就担心这条规划中的铁路，在给高原人民送去欢乐和富裕的同时，会不会对环境造成不可修复的破坏。于是，青藏铁路建设中的环境保护问题从一开始就被作为一项重点工程提上议事日程，青藏铁路的设计者和建设者们共同的理念是：铁路和净土我们都要。为了将青藏铁路建成一条环保型铁路，国家专门就环保工程拨款12亿多元。建设者不仅根据多年来勘测试验的结果进行了全面的环保设计，更为重要的是在建设过程中严格按照环保要求进行了施工，致力于将青藏铁路建成一条绿色长廊，决不容许铁路沿线的环境遭到丝毫的破坏。就施工过程的现场环保来说，不管是机械还是人员，任何人都不能在现场留有任何垃圾，生活垃圾和生产垃圾必须集中堆放和集中处理。假设机械在现场遗漏有油迹，施工结束后也必须擦拭干净，绝不容许有点滴的油污残留。再比如施工中的取土，必须在指定的地点集中挖取，在取土之前，对表面的植被必须分块完整移植保存，取土结束后，再将其完好地移植到原地。青藏铁路的环保措施共分四个部分：一是对高原植被实施易地假植（保存），施工中或施工后及时覆盖到已经完工的边坡或地表；二是对穿越自然保护区的线路区段采用绕避方案，为野生动物设置迁徙通道；三是对湖泊、湿地生态区域尽量绕避，无法绕避时尽量选择以桥代路；四是对高原冻土环境和沿线自然景观的一系列保护措施。在可可西里的腹部地带，专门修建了青藏铁路线上最长的清水河大桥，它全长 11.7 km，距离这座桥不到 1000 m 的北侧，就是世界上人人共知的可可西里索南达杰自然保护站。这座桥不是为了汽车通过而设，而是为了藏羚羊的迁徙通过而留下的专门通道。青藏铁路不仅穿越可可西里、三江源、羌塘等国家级自然保护区，还穿越楚玛尔河、索加两个野生动物核心区，以及西藏易江两河自然保护区，穿行在保护区内的铁路里程有 500 km 以上，占了全线长度的 45%。除了以上种种环保措施外，建成后的青藏铁路将全线严格控制废弃物排放，铁路中间站取暖使用燃油锅炉或太阳能等环保型能源，可以减少"三废"，客车则用封闭式车体，车上垃圾到指定地点排放，集中处理，车站生活污水要经过处理达标排放，尽量采用零排放等，因此青藏铁路也可以被称之为生态路、环保路。

因此，在景观园林建筑可持续的研究当中，应建立"景观恢复与重建"的设计理念，即：景观恢复与重建设计应从自然生态空间出发，综合考虑环境需求、绿色技术与环境生态、空间的动态平衡等。同时，树立广义的景观技术观，即传统技术与其他技术科学，如绿色建筑技术、环境艺术与技术、生态环境学、环境行为学、环境心理学、景观形态学等相结合，形成适应景观形态发展的新适宜性修复与重建技术。以此为基础，建立景观恢复与重建的工程设计原则及其相应的设计要素，进而引入多种学科交叉的"全生态体"设计方法，并以此指导具体的工程实践。

第三章 景观园林建筑发展

第一节 中外传统景观园林建筑发展简介

由于东西方民族对自然的观察和概括方法不同，以及人工工程条件、自然风景资源、风俗习惯、审美观念的差异，加之文化技术发展阶段的不同，而形成东西方园林的特点不同，但又因东西方造景均取材于自然，故也有共同的地方，由此才保持了东西方园林艺术的多样与统一。

一、中国传统景观园林建筑的发展演变

中国景观园林历史悠久，在三千余年漫长的发展过程中形成了世界上独树一帜的东方园林体系。自清末到现在，特别是在新中国成立以后，在我国乃至世界范围内得到了长足的发展。按历史年代和园林产生发展与过程可作如下划分：古代分为四个时期，近、现代化分为三个时期，现分述如下。

（一）中国古典景园阶段划分

1. 生成期

公元前16—公元前11世纪，在商朝奴隶社会，以商王为首的贵族都是大奴隶主，经济较为强大，产生了以象形为主的文字，从出土的甲骨文中的园、囿、圃等文字中可见当时已产生了园林的雏形。到殷朝时《史记》就有殷纣王"厚赋税以实鹿台之钱……益吸狗马奇物……益广沙丘苑台，多取野兽蜚鸟置其中。……乐戏于沙丘"的记载。记载中说："穿沿莲池，构亭营桥，所植花木，类多茶与海棠"，这说明当时的造园技术已有相当的水平，上古朴素的囿的形成得到了进一步的发展。周灭殷后，建都镐京（在今陕西西安的西南），配合分封建制，开始了史无前例的大规模营建城邑及造园活动，其中最著名的是灵台、灵囿、灵沼。此时的景观园林已初步具备了造园的四个基本要素，形成了传统景观园林的雏形。

2. 发展期

公元前221年秦始皇统一中国后，对社会进行了大量的改革，使秦王朝空前强大，无论在物质、经济、思想制度等方面均具备了集中人力物力进行大规模造园活动的条件，使

商朝的囿发展到苑；到魏晋南北朝以前，已使苑的形式具备了在规模、艺术性等多方面的较综合的水平，奠定了中国自然式园林大发展的基础。

这时期的代表作有秦咸阳宫园（如兰池宫）、汉上林苑（据史书记载其规模宏大"周墙百余里"）、汉建章宫等，其中已有山、植物、动物、苑、宫、台、观、生产基地等内容，可见已相当完善，但此时私家园林的记载极少。魏晋、南北朝是中国历史上一个大动乱时期，但思想十分活跃，促进了艺术领域的发展，也促使园林升华到艺术创作的境界，并伴随着私有园林的发展和兴盛，这是中国古典造园发展史上一个重要的里程碑。

魏晋南北朝以前的宫苑虽气派宏大、豪华富丽，但艺术性稍差，尚处于初期阶段，既无诗情画意又乏韵味和含蓄，更没有悬想之念，直到隋朝以后，人们在放开思想束缚之后，才开始追求园林的意境，因此才有了隋唐时代的全盛局面。

3. 兴盛时期

这一时期由隋唐至宋元，历时近 800 年，以唐代为代表，使中国古典景观园林空前兴盛和丰富，进入了前所未有的全盛时代。

这段时期内无论是皇家园林还是寺庙园林均达到了很高的艺术水平，尤其是皇家园林普及面广，正如书中所载"唐贞观、开元之年间，公卿贵戚开馆列第东都者，号千余所"，而洛阳私园之多并不亚于长安，其中许多私园主人只授人造园却不曾到过，有白居易《题洛中第宅》为证："试问池台主，多为将相官；终身不曾到，唯展宅图看"，如此之盛况前所未有。

4. 成熟时期

明、清是中国古典景观园林艺术的成熟时期。自明中叶到清末，历时近 500 年。此时期除建造了规模宏大的皇家园林之外，士大夫为了满足家居生活的需要，在城市中大量建造以山水为骨干、饶有山林之趣的宅园，以满足日常聚会、游憩、宴客、居住等需要。皇家园林多与离宫相结合，建于郊外，少数设在城内，规模都很宏大，其总体布局有的是在自然山水的基础上加以改造，有的则是靠人工开凿兴建，建筑宏伟浑厚、色彩丰富、豪华富丽。而士大夫的私家园林，多数建在城市之中或近郊，与住宅相连，在不大的面积内，追求空间艺术的变化，风格素雅精巧，达到平中求趣，拙间取华的意境，以此来满足以欣赏为主的要求。宅园多是因阜辍山，因洼疏地，亭、台、楼、阁众多，植以树木花草的"城市园林"，分布极广，数量很大，其中比较集中的地方有北方的北京，南方的苏州、扬州、杭州、南京。明、清园林的艺术水平达到了历史最高水平，文学艺术成了景园艺术的组成部分，所建之园步移景异，亦诗亦画，富于意境。

明、清时期造园理论也有了重要的发展，比较系统的造园著作为明末吴江人计成所著《园冶》一书。全书比较系统地论述了空间处理、叠山理水、园林建筑设计、树木花草的配置等许多具体的艺术手法，提出了"因地制宜""虽由人作，宛若天开"等主张和造园手法，是对明代江南一带造园艺术的总结，为我国的造园艺术提供了理论基础。

（二）中国传统景观园林的特点

中国传统景观园林作为一个体系，若与世界上的其他景观园林体系相比较，它所具有的个性是鲜明的，而在它的各个类型之间，又有着许多相同的共性。这些个性和共性可以概括为四个方面：①本于自然、高于自然；②建筑美与自然美的融合；③诗画的情趣；④意境的蕴涵。这就是中国传统景观园林的四个主要的特点，或者说四个主要的风格特征。

1．本于自然、高于自然

自然风景以山、水为地貌基础，以植被作装点。山、水、植被乃是构成自然风景的基本要素，在大自然中即便是最普通的一座山也蕴含着丰富的自然美，这些都是景观园林构景的创作源泉。但中国古典景园绝非一般地利用或者简单地模仿这些构景要素的原始状态，而是有意识地加以改造、调整、加工、裁剪，从而呈现一个精炼概括的自然、典型化的自然。唯其如此，像颐和园那样的大型天然山水园才能够把具有典型性格的江南湖山景观在北方的大地上复现出来。这就是中国古典园林的一个最主要的特点——本于自然而又高于自然。这个特点在人工山水园的筑山、理水、植物配置方面表现得尤为突出。

自然界的山岳，以其丰富的外貌和广博的内涵而成为大地景观中最重要的组成部分，所以中国人历来都用"山水"作为自然风景的代称。相应地，在古典景园的地形整治工作中，筑山便成了一项最重要的内容，历来造园都极为重视。筑山即堆筑假山，包括土山、土石山、石山。传统造园中使用天然石块堆筑为石山的这种特殊技艺叫作"叠山"，江南地区称之为"掇山"。匠师们广泛地采用各种造型、纹理、色泽的石材，以不同的堆叠风格而形成许多流派。造园几乎离不开石，石的本身也逐渐成了人们鉴赏品玩的对象，并以石而创为盆景艺术、案头清供。在南北各地现存的许多优秀的叠山作品中，一般最高不过八九米，无论是模拟真山的全貌或截取真山的一角，都能够以小尺度而创造峰、峦、岭、岫、洞、谷、悬岩、峭壁等形象。从它们的堆叠章法和构图经营上，可以看到天然山岳构成规律的概括、提炼。假山都是真山的抽象化、典型化的缩移模拟，能在很小的地段上展现咫尺山林的局面、幻化千岩万壑的气势。叠石为山的风气，到后期尤为盛行，几乎是"无园不石"。此外，还有选择整块的天然石材陈设在室外作为观赏对象的，这种做法叫作"置石"。用作置石的单块石材不仅具有优美奇特的造型，而且能够引起人们对大山高峰的联想，即所谓"一峰则太华千寻"，故又称之为"峰石"。

水体在大自然的景观构成中是一个重要的因素。它既有静止状态的美，又能显示流动状态的美，故也是一个最活跃的因素，古人云：石令人古，水令人远。山与水的关系密切，山嵌水抱一向被认为是最佳的成景态势，也反映了阴阳相生的辩证哲理。这些情况都体现在古典景园的创作上，一般来说，有山必有水，"筑山"和"理水"不仅成为造园的专门技艺，两者之间相辅相成的关系也是十分密切的。

景观园林内开凿的各种水体都是自然界的河、湖、溪、涧、泉、瀑等的艺术概括。人工理水务必做到"虽由人作，宛自天开"，哪怕再小的水面亦必曲折有致，并利用山石点缀岸、矶，有的还故意做出一弯港瀚、水口以显示源流脉脉、疏水若为无尽。稍大一些的水面，则必堆筑岛、堤，架设桥梁。在有限的空间内尽量模仿天然水景的全貌，这就是"一勺则江湖万里"之立意。

景观园林植物配植尽管姹紫嫣红、争奇斗艳，但都以树木为主调，因为翳然林木是最能让人联想到大自然的勃勃生机。像西方以花卉为主的花园，则是比较少的。栽植树木不讲求成行成列，但亦非随意参差。往往以三株五株、虬枝枯干而予人以翁郁之感，运用少量树木的艺术概括而表现天然植被的气象万千，充分运用植物的生态种植理论。另外，观赏树木和花卉还按其形、色、香而"拟人化"，赋予不同的性格和品德，在景园造景中尽量显示其象征寓意。

总之，本于自然、高于自然是中国古典景观园林创作的主旨，目的在于求得一个概括、精练、典型而又不失其自然生态的山水环境。这样的创作合乎自然之理，又能获致天成之趣。否则就不免流于矫揉造作，犹如买椟还珠、徒具抽象的躯壳而失却风景式园林的灵魂了。

2. 建筑美与自然美的融合

法国的规整式景观园林和英国的风景式园林是西方古典景观园林的两大主流。前者是按古典建筑的原则来规划景观园林，以建筑轴线的延伸控制景观园林全局；后者的建筑物与其他造园三要素之间往往处于相对分离的状态。然而这两种截然相反的景观园林在形式上却有一个共同的特点：把建筑美与自然美对立起来，要么建筑控制一切，要么退避三舍。

中国古典景观园林不然，建筑无论多寡，也无论其性质、功能如何，都力求与山、水、植物这三个造园要素有机地组织在一系列风景画面之中。突出彼此协调、互相补充的积极的一面，限制彼此对立、互相排斥的消极的一面，甚至能够把后者转化为前者，从而在园林总体上使得建筑美与自然美融合起来，从而达到一种人工与自然高度协调的境界——天人合一的境界。

中国古典景观园林之所以能够把消极的方面转化为积极的因素，求得建筑美与自然美的融合，从根本上来说当然应该追溯其造园的哲学、美学乃至思维方式的不同。此外，中国传统木构建筑本身所具有的特性也为此提供了优越条件。

木框架结构的单体建筑，内墙外墙可有可无，空间可虚可实、可隔可透。园林里面的建筑物充分利用这种灵活性和随意性创造了千姿百态、生动活泼的外观形象，获得了与自然环境的山、水、植物密切结合的多样性。中国景观园林建筑，不仅它的形象之丰富在世界范围内算得上首屈一指，而且还把传统建筑的化整为零、由单体组合为建筑群体的可变性发挥到了极致。它一反宫廷、坛庙、衙署、邸宅的严整、对称、整齐的格局，完全自由随意、因山就水、高低错落，这种千变万化的面卜的铺陈更强化了建筑与自然环境的融合关系。同时，还利用建筑内部空间与外部空间的通透、流动的可能性，把建筑物的小空间与自然界的大空间沟通起来。

匠师们为了进一步把建筑协调、融合于自然环境之中，还发展创造了许多别致的建筑形象和细节处理。譬如，亭这种最简单的建筑物在园中随处可见，不仅具有点景的作用和观景的功能，而且通过其特殊的形象体现了以圆法天、以方象地、纳宇宙于芥粒的哲理。再如，临水之"舫"和陆地上的"船厅"，即模仿舟船以突出园林的水乡风貌。江南地区水网密布，舟楫往来为城乡中最常见的景观，故园林中这种建筑形象也运用最多。廊本来是联系建筑物、划分空间的手段，园林里面的那些楔入水面、飘然凌波的"水廊"，婉转曲折；通花渡壑的"游廊"，蟠蜒山际；随势起伏的"爬山廊"等各式各样的廊子，好像纽带一般把人为的建筑与天成的自然贯穿结合起来。常见山石包镶着房屋的一角，堆叠在平桥的两端，甚至代替台阶、楼梯、柱做等建筑构件，则是建筑物与自然环境之间的过渡与衔接。随墙的空廊在一定的距离上故意拐一个弯而留出小天井，随意点缀少许山石花木，顿时成为绝妙小景。那白粉墙上所开的种种漏窗，阳光透过，图案备觉玲珑明澈，而在诸般样式的窗洞后面衬以山石数峰、花木几枝，宛如小品风景，尤为楚楚动人。

3．诗画的情趣

文学是时间的艺术，绘画是平面空间的艺术。景观园林中的景物既需"静观"，也要"动观"，即在游动、行进中领略观赏，故景观园林是时空综合的艺术。中国古典景观园林的创作，能充分地把握这一特性，运用各个艺术门类之间的触类旁通，熔铸诗画艺术于景观园林艺术，使得景观园林环境从总体到局部都包含着浓郁的诗、画情趣。这就是通常所谓的"诗情画意"。

诗情，不仅是把前人诗文的某些境界、场景在景观园林环境中以具体的形象复现出来，或者运用景名、匾额、楹联等文学手段对园景作直接的点题，还在于借鉴文学艺术的章法、于法使得规划设计颇多类似文学艺术的结构。正如钱泳所说："造园如作诗文，必使曲折有法，前后呼应；最忌堆砌，最忌错杂，方称佳构。"园内的游览路线绝非平铺直叙的简单道路，而是运用各种构景要素于迂回曲折中形成渐进的空间序列，也就是空间的划分和组合。划分，不流于支离破碎；组合，务求其开合起承、变化有序、层次清晰。这个序列的安排一般必有前奏、起始、主题、高潮、转折、结尾，形成内容丰富多彩、整体和谐统一的连续的流动空间，表现了净一般的严谨、精炼的章法。在这个序列之中往往还穿插着一些对比、悬念、欲抑先扬或欲扬先抑的手法，合乎情理之中而又出人意料之外，则更加强了犹如诗歌的韵律感。所以，人们游览中国古典景观园林所得到的感受，往往仿佛是朗读诗文一样的酣畅淋漓，这也是园林所包含着的"诗情"。而优秀的景园设计作品，则无异于凝固的音乐、无声的诗歌。

凡属风景式园林作品都或多或少地具有"画意"，都在一定程度上体现了绘画的原则。中国的山水画不同于西方的风景画，前者重写意，后者重写形。可以说，中国传统景园是把作为大自然的概括和升华的山水画又以三度空间的形式复现到人们的现实生活中来，这在平地起造的人工山水园中尤为明显。

从假山尤其是石山的堆叠章法和构图经营上，既能看到天然山岳构成规律的概括、提炼，也能看到诸如"布山形、取峦向、分石脉""主峰最宜高耸，客山须是奔趋"等山水画理的表现；乃至某些笔墨技法如皴法、矶头、点苔等的具体模拟。也就是说，叠山艺术把借鉴于山水画的"外师造化、中得心源"的写意方法在三度空间的情况下发挥到了极致。它既是园林里面复现大自然的重要手段，也是造园之因画成景的主要内容。正因为"画家以笔墨为丘壑，掇山（即叠山）以土石为皴擦；虚实虽殊，理致则一"，所以许多叠山匠师都精于绘画，有意识地汲取绘画各流派的长处用于叠山的创作。

景观园林的植物配置，务求其在姿态和线条方面既显示自然天成之美，也要表现出绘画的意趣。因此，选择树木花卉就很受文人画所标榜的"古、奇、雅"的格调的影响，讲究体态潇洒、色香清隽、堪细细品味、有象征寓意。

景观园林建筑的外观，由于外露的木构件和木装修、各式坡屋面的举折起翘而表现出生动的线条美，还因木材的髹饰、辅以砖石瓦件等多种材料的运用而显示出色彩美和质感美。这些都赋予它的外观形象以一种富于画意的魅力。故有的学者认为，西方古典建筑是雕塑性的，中国古典建筑是绘画性的，此论不无道理。在中国古代历来的诗文、绘画中咏赞、状写建筑的不计其数，甚至以工笔描绘建筑物而形成独立的画种，在世界上恐怕是绝无仅有的事例。正因为建筑之富于画意的魅力，那些瑰丽的殿堂台阁把皇家景园点染得何等的凝练、璀璨，宛若金碧山水画，恰似颐和园内一副对联的描写："台榭参差金碧里，烟霞舒卷画图中。"而江南的私家园林，建筑物以其粉墙、灰瓦、赭黑色的髹饰、通透轻盈的体态掩映在竹树山池间，其淡雅的韵致有如水墨渲染画，与皇家园林金碧重彩的皇家气派，又迥然不同。

线条是中国画的造型基础，这种情况也同样存在于中国景观园林艺术之中。比起英国景观园林或日本造园，中国的风景式园林具有更丰富、更突出的线的造型美：建筑物的露明木梁柱装修的线条、建筑轮廓起伏的线条、坡屋面柔和舒卷的线条、山石有若皴擦的线条、水池曲岸的线条、花木枝干虬曲的线条等，组成了线条律动的交响乐，统摄整个景观园林的构图。

由此可见，中国绘画与造园之间关系密切。这种关系历经长久的发展而形成"以画入园、因画成景"的传统，甚至不少景观园林作品直接以某个画家的笔意、某种流派的画风引为造园的蓝本。历来的文人、画家参与造园蔚然成风，或为自己营造，或受他人延聘而出谋划策。专业造园匠师亦努力提高自己的文化素养，不仅是景观园林的创作，乃至品评、鉴赏亦莫不参悟于绘画。

当然，兴造景观园林比起在纸绢上做水墨丹青的描绘要复杂得多。因为造园必须解决一系列的实用、工程技术问题，并且园内的植物是有生命的，潺潺流水是动态的，生态景观随季相之变化而变化，随天候之更迭而更迭。再者，园内景物不仅从固定的角度去观赏，还要动态的去观赏，从上下左右各方位观赏，进入景中观赏，甚至园内景物观之不足还把园外"借景收纳"作为园景的组成部分。所以，虽不能说每一座中国古典景观园林的规划设计都全面地做到以画入园、因画成景，但不少优秀的作品确实能够予人以置身画境、如游画中的感受。如果按照宋人郭熙（林泉高致）一书中的说法："世之笃论，谓山水有可行者，有可望者，有可游者，有可居者。画凡至此，皆入妙。但可望可行不如可居可游之为得。"

那么，中国古典景观园林就无异于可游、可居的立体图画了。

4．意境的蕴涵

意境是中国艺术的创作和鉴赏方面的一个极重要的美学范畴。简单来说，意即主观的感情、理念熔铸于客观生活、景物之中，从而引发鉴赏者类似的情感激动和理念联想。中国的传统哲学在对待"言""象""意"的关系上，从来都是把"意"置于首要地位。先哲们很早就已提出"得意妄言""得意忘象""得意忘形"的命题，只要得到意就不必据守原来用以明象的言和存意的象了。再者，汉民族的思维方式注重综合和整体观照，佛禅和道教的文字宣讲往往立象设教，追求一种"意在言外"的美学趣味。这些情况影响、浸润于艺术创作和鉴赏，从而产生意境的概念。唐代诗人王昌龄在《诗格》一文中提出"三境"之说来评论诗（主要是山水诗），他认为诗有三种境界：只写山水之形的为"物境"、能借景生情的为"情境"、能托物言志的为"意境"。近代人王国维在《人间词话》中提出诗词的两种境界——有我之境，无我之境，有我之境，以我观物，故物皆着我之色彩。无我之境，以物观我，故不知何者为我，何者为物气无论《人间词话》的"境界"，或者《诗格》的情境和意境，都是诉诸主观，由主客观的结合而产生。因此，都可以归属于我们通常所理解的"意境"的范畴。

不仅诗、画如此，其他的艺术门类都把意境的有无、高下作为创作和品评的重要标准，景观园林艺术当然也不例外。景观园林由于其与诗画的综合性、三维空间的形象性，其意境内涵的显现比之其他艺术门类就更为明晰，也更易于把握。

运用文字信号来直接表述意境的内涵，则表述的手法就会更为多样化：状写、比喻、象征、寓意等，表述的范围也十分广泛：情操、品德、哲理、生活、理想、愿望、憧憬等。游人在游园时所领略的已不仅是眼睛能够看到的景象，而且还有不断在头脑中闪现的"景外之景"；不仅满足了感官（主要是视觉感官）上的美的享受，还能够唤起以往经历的记忆，从而不断地获得情思激发和理念联想即"象外之意"。

游人获得景观园林意境的信息，不仅能通过视觉官能的感受或者借助于文字信号的感受，而且还可以通过听觉、嗅觉的感受。诸如十里荷花、丹桂飘香、雨打芭蕉、流水叮咚、桨声欸乃，直至风动竹篁有如碎玉倾洒，柳浪松涛之若天籁清音，都能以"味"人景，以"声"人景而引发意境的遐思。曹雪芹笔下的潇湘馆，那"风尾森森，龙吟细细"更是绘声绘色，点出此处意境的浓郁蕴藉了。

正因为景观园林内的意境蕴涵如此深广，中国古典景观园林所达到的情景交融的境界，也就远非其他的景观园林体系所能企及了。

（三）中国传统景观园林的地方特色

在中国古典景观园林的发展过程中，由于其气候、文化、取材等的地方性差异，逐渐形成了江南、北方、岭南、巴蜀、西域等各种风格，其中江南、北方、岭南差异尤为突出，代表了中国景观园林风格发展的主流。各种地方风格主要表现在各自造园要素的用材、形象和技法上，景观园林的总体规划也多少有所体现。

1. 江南园林

江南的景观园林受诗文绘画的直接影响更多一些。不少文人画家同时也是造园家，而造园匠师也多能诗善画。因此，江南园林所达到的艺术境界也最能代表当代文人所追求的"诗情画意"。小者在一二亩、大者在不过十余亩的范围内凿池堆山、植花栽林，结合各种建筑的布局经营，因势随形、匠心独运，创造出一种含蓄、风韵的咫尺山林、小中见大的景观效果。

江南园林叠山石料的品种很多，以太湖石和黄石两大类为主。石的用量很大，大型假山石多于土，小型假山几乎全部叠石而成。能够仿真山之脉络气势做出峰峦丘壑、洞府峭壁、曲岸石矶，手法多样，技艺高超。

江南气候温和湿润，花木种类繁多，生长良好，布局有法。植物的观赏讲究造型和姿态、色彩、季相特征，虽以自然为宗，绝非丛莽一片，漫无章法。植物以落叶树为主，配合若干常绿树，再辅以藤萝、竹、芭蕉、草花等构成植物配置的基调，能够充分利用花木生长的季节性构成四季不同的景色。花木也往往是某些景点的观赏主题，景观园林建筑常以周围花木命名。讲究树木孤植和丛植的画意经营及其色、香、形的象征寓意，尤其注重古树名木的保护利用。其安排原则大体如下：植高大乔木以遮蔽烈日，植古朴或秀丽树形树姿（如丹桂、红枫、金橘、蜡梅、秋菊等）。江南多竹，品类亦繁，终年翠绿为园林衬色，或多植蔓草、藤萝，以增加山林野趣。也有赏其声音的，如雨中荷叶、芭蕉、蝉鸣等。江南景观园林建筑则以高度成熟的江南民居建筑作为创作源泉，从中汲取精华。苏州的景观园林建筑为苏南地区民间建筑的提炼；扬州则利用优越的水陆交通条件，兼收并蓄当地、皖南乃至北方加以融合，因而建筑的形式极其多样丰富。江南景园建筑的个体形象玲珑轻盈，具有一种柔媚的气质。室内外空间通透，外饰木构件一般为赭黑色，灰砖青瓦、白粉墙垣配以水石花木组成的园林景观，能显示出恬淡雅致有若水墨渲染画般的艺术格调。木装修、家具、各种砖雕、木雕、漏窗、洞门、匾联、拼花铺地，均表现极精致的工艺水平。园内有各式各样的园林空间，如山水空间、山石与建筑围合的空间、庭院空间、天井，甚至院角、廊侧、墙边亦做成极小的空间，散置花木，配以峰石，构成楚楚动人的小景。由于景观园林空间多样而又富于变化，为各种组景手法如对景、框景、透景等创造了更多的条件。

江南园林以扬州、无锡、苏州、湖州、上海、常熟、南京等城市为主，其中又以苏州、扬州最为著称，也最具有代表性。

2. 北方园林

在北方园林中，建筑的形象稳重、敦实，再加之冬季寒冷和夏季多风沙而形成的封闭感，别具一种不同于江南的刚健之美。北方相对于南方而言，水资源匮乏，景观园林供水困难较多。以北京为例，除西北郊之外，几乎都缺少充足的水源。城内的王府花园可以奉旨引用御河之水，一般的私家园只能凿井取水或者由他处运水补给，故水池的面积都比较小，甚至采用"旱园"（日本称"枯山水"）的做法。这不仅使得水景的建造受到限制，也因缺少挖池的土方致使筑土为山不能太多、太高。北方不像江南那样盛产叠山的石材，叠石为假山的规模就比较小一些。北京景园叠山多为就地取材，运用当地出产的北太湖石和青石，青石纹理挺直，类似江南的黄石；北太湖石的洞孔小而密，不如太湖石之玲珑剔透。这两种石材的形象均偏于浑厚凝重，与北方建筑的风格十分协调。北方叠山技法深受江南的影响，既有完整大自然山形的模拟，也有截取大山一角的平岗小坂，或者作为屏障、驳岸、石矶，或作为峰石的特置处理。但总的看来，其风格却又迥异于江南，颇能表现出幽燕沉雄气度。在植物配置方面，观赏树种比江南少，无缺阔叶常绿树和冬季花木，但松、柏、杨、柳、榆、槐和春夏秋三季更迭不断的花灌木如丁香、海棠、牡丹、芍药、荷花等，却也构成北方私园植物造景的主题。每届隆冬，树叶零落，水面结冰，又颇有萧索寒林的画意。景观园林的规划布局，中轴线、对景线的运用较多，更赋予园林以凝重、严谨的格调，王府花园尤其如此。园内的空间划分比较少，因而整体性较强，当然也就不如江南私园之曲折多变了。比较著名的有一亩园、清华园、勺园、承德避暑山庄等。

3. 岭南园林

岭南园林的规模比较小，且多数是宅园，一般为庭院和庭园的组合，建筑的比重较大。庭院和庭园的形式多样，它们的组合较之江南园林更为密集、紧凑，往往连宇成片。这是为了适应炎热气候而取得遮阳的效果，外墙减少了，室外暴晒的太阳热辐射会相应有所削减，也便于雨季的内部联系和防御台风袭击。建筑物的平屋顶多有做成"天台花园"的，既能降低室内温度，又可美化环境。为了室内降温而需要良好的自然通风，故建筑物的通透开敞更胜于江南，其外观形象当然也就更富于轻快活泼的意趣。园林建筑的局部、细部都很精致，尤以装修、壁塑、细木雕工见长，且多有运用西方样式的，如栏杆、柱式、套色玻璃等细部；甚至整座的西洋古典建筑配以传统的叠山理水，亦别具风趣。叠山常用姿态嶙峋、皴折繁密的英石包镶，即所谓"塑石"的技法，因而山石的可塑性强、姿态丰富，具有水云流畅的形象。在沿海一带也有用卵石和珊瑚礁石叠山的，亦别具一格。叠山而成的石景分为"壁型"与"峰型"两大类，前者的主要特征是逶迤平阔，由几组峰石连绵相接组成，没有显著突出的主峰；后者的主要特征是顶峰突出，山径盘旋，造型险峻而富于动势。此外，还有由若干形象各异的单块石头的组合而构成石庭，著名的如佛山梁园的群星草堂石庭。小型叠山或石峰与小型水体相结合而成的水石庭，尺度亲切而婀娜多姿，乃是岭南园之一绝。理水的手法多样丰富，不拘一格，少数水池为方整几何形式，这是受到西方造园思想的影响。岭南地处亚热带，观赏植物品种繁多，园内一年四季都是花团锦簇、绿荫葱翠。除了亚热带的花木之外，还大量引进外来的植物，而乡土树种如木棉、乌榄、白兰、黄兰、鸡蛋花、水蓊、水松、榕树等，乡土花卉如炮仗花、夜香、鹰爪、麒麟尾等，更是江南和北方所无。老榕树大面积覆盖遮蔽的阴凉效果尤为宜人，亦堪称岭南园林之一绝。就其总体而言，建筑的意味较浓，建筑形象在园林造景上起着重要的甚至起决定性的作用，但不少景观园林由于建筑体量偏大，楼房较多而略显拥塞，深邃有余而开朗不足。

最早的岭南园林可上溯到南汉时的"仙湖"，它的一组水石景"药洲"尚保留至今。

清初岭南地区经济比较发达，文化水准提高，私家造园活动开始兴旺，逐渐影响了潮汕、福建和台湾等地。到清中叶以后而日趋兴旺，在园林的布局、空间组织、水石运用和花木配置方面逐渐形成自己的特色，终于异军突起而成为与江南、北方鼎峙的三大地方风格之一。顺德的清晖园、东莞的可园、番禺的余荫山房、佛山的梁园号称粤中四大名园，它们都完整保存下来，可视为岭南园林的代表作品。其中以余荫山房最为有名。

4. 巴蜀园林

巴蜀园林有别于富丽豪华的皇家园林、细腻清雅的江南园林与精巧纤细的岭南园林，它自然天成、古朴大方，是以"文、秀、清、幽"为风貌，以"飘逸"为风骨。不论是巴蜀的名人纪念园还是寺观园都带有公共游览性质，与皇家园、私家园面向的对象和范围不同，故更接近民间，可以更直接、更真切地面对普通人生，特有一种质朴之美。"文"是指著名景观园林都与著名文人有关，景观园林中蕴含有浓郁的文化气质。李白、杜甫、三苏（苏洵、苏轼、苏辙）、陆游等著名文人或是故乡在蜀或是旅居四川，都留下了优良的文化传统，为巴蜀园林的发展奠定了坚实的文化基础。因"文"而"秀"，巴蜀名园多小巧秀雅，石山甚少，水岸朴直，以清简见长。园中植物繁茂，品种丰富，多以常绿阔叶林作天幕和背景，以水面取虚放扩，创造空间变化和虚实对比。建筑平均密度不大，形象秀雅，建筑风格倾向于四川民居。由于四川地处较偏，是道教的主要发源地，川西名园渗透了相当浓厚的"飘逸"气质。其主要表现是：不拘成法的多变布局，跌宕多姿的强烈对比，返璞归真的自然情趣。从中国景观园林发展史上看，又可以说巴蜀园林还保持着相当浓厚的自然山水园的古朴色彩。四川盆地有着优越的自然风景条件，构景素材丰富，所以景观园林更偏重于借助自然景观，更着力于"因地制宜""景到随机"。通过"屏俗收佳"等构景手法，剪辑、调度、点缀环境，"自成天然之趣，不烦人事之工"，创造出以天然景观为主、人工造景为辅的景园环境。巴蜀园林因山地众多，在山地园的群体布局上积累了丰富的实践经验，结合地势，适应地貌，巧用地形，智取空间，手法灵活多样，富于创造，其曲轴的运用、高差的处理、观赏路线的安排、中轴线的切割、建筑小品的布点、庭院层次的变化，均具有巧妙的设计构思和熟练的设计技巧。巴蜀园林综合运用各种手法，组织自然空间，创造历史空间，在时时处处不断引导、强化之中，体现出飘逸、洒脱、质朴的精神。其景观园林艺术所表现的意境，主要是追求一种"天然之趣"，追求一种自然情调，追求一种把现实生活与自然环境协调起来的幽雅闲适的美。

5. 西域园林

西域园林主要是指处于中国西部或北部的少数民族景观园林，因其地理、气候、文化等的差异，形成有别于汉民族风格的少数民族景观园林。在纷繁复杂的景观园林风格中，具有独特风格和代表性的则是新疆维吾尔族景观园林和西藏景观园林。新疆维吾尔族景观园林构图简朴，活泼自然，因地制宜，经济实用，它把游憩、娱乐、生产有机地结合起来，形成一种独具民族风格的花果园式园林。园中的建筑多用砖土砌成拱顶，外用木柱组成连拱的廊檐，饰以花卉彩绘和木雕图案。由于当地造园石材稀缺，故没有凿石、叠山、置石的传统。景观园林建在被荒漠包围的绿洲中，园中多种植抗旱、耐寒、耐盐碱的树种，形成了植被独特的景园景观，仅在有融雪灌溉的条件下，园中才栽种一些需水量大的树种。新疆的官署园如莎车和卓园，据《回疆通志》记载："本系和卓木墨特花园，其中桃、杏、苹果、葡萄等花木最盛。引河水凿为池沼，台榭桥梁，曲折有情。"哈密回王有果园16处，《新疆游记》中载有：回城的"回王花园，亭榭数处，布置都宜，核桃、杨、愉诸树，拔地参天，并有芍药、桃、杏、红莲种种"。都善的沙亲王在鲁克沁有一座果木园，园内建筑形式颇受汉族景观园林的影响，可见汉族与兄弟民族在景观园林艺术方面早有交流。以上这些园建于清康熙年间，今已不存在。喀什的阿巴霍加玛扎建筑宏伟，为伊斯兰建筑形式，墓顶圆穹为砖拱结构，外饰以彩砖，走廊雕梁画栋，木刻精巧，彩绘富丽，有三个庭园，古木参天，以新疆杨、银白杨为主，中间有桑、沙枣、杏树等，代表了南疆干旱区园林的风貌。喀什的大清真寺，庭园宽大，树木很多，但无花草，显得肃穆恬静，清雅古朴。

二、外国古典景观园林建筑的发展演变

一般认为，园林有东、西方两大体系。东方以中国园林为代表，影响日本、朝鲜及东南亚，主要特色是自然山水、植物与人工山水、植物和建筑相结合。本书除简述中国园林的产生、发展的概况外，将与中国园林关系最密切的日本园林也做简要概述。西亚园林古代以阿拉伯地区的叙利亚、伊拉克及波斯为代表，主要特色是花园与教堂园。欧洲系园林古代以意大利、法国、英国及俄罗斯为代表，各有特色，基本以规则式布局为主，以自然景物配置为辅，我们仅简介古代意大利、法国、英国园林演变概况。此外，介于三大系统之间的古埃及、古印度园林，仅介绍古埃及园林简况。

（一）古埃及与西亚园林

埃及与西亚邻近，埃及的尼罗河流域与西亚的幼发拉底河、底格里斯河流域同为人类文明的两个发源地，所以景观园林出现也很早。

1. 古埃及墓园、园圃

埃及早在公元前4000年就进入了奴隶制社会，到公元前28—公元前23世纪，形成法老政体的中央集权制。法老（即埃及国王）死后都兴建金字塔作王陵，并建墓园。金字塔浩大、宏伟、壮观，反映出当时埃及科学与工程技术已经很发达。金字塔四周布置规则对称的林木，中轴为笔直的祭道，控制两侧均衡，塔前留有广场，与正门对应，造成庄严、肃穆的气氛。

2. 西亚地区的花园

位于亚洲西端的叙利亚和伊拉克也是人类文明发祥地之一，幼发拉底河和底格里斯河流贯境内向南注入波斯湾，两河流域形成美索不达米亚大平原。美索不达米亚在公元前3500年时，已经出现了高度发展的古代文明，形成了许多城市国家，实行奴隶制。奴隶主为了追求物质和精神的享受，在私宅附近建造各式花园，作为游憩观赏的乐园。奴隶主

的私宅和花园，一般都建在幼发拉底河沿岸的谷地平原上，引水浇园，花园内筑有水池或水渠，道路纵横方直，花草树木充满其间，布置非常整齐美观。在基督教圣经中记载的伊甸园被称为"天国乐园"，就在叙利亚首都大马士革城的附近。在公元前 2000 年的巴比伦、亚述或大马士革等西亚广大地区有许多美丽的花园。尤其是距今 3000 年前古巴比伦王国宏大的都城中有五组宫殿，不仅异常华丽壮观，而且尼布甲尼撒国王为王妃在宫殿上建造了"空中花园"。据说王妃生于山区，为解思乡之情，特在宫殿屋顶之上建造花园，以象征山林之胜。这是利用屋顶错落的平台，加土植树种花草，又将水管引向屋上浇灌花木。远看该园悬于空中，近赏可人游，如同仙境，被誉为"世界七大奇观"之一，称得上世界最早的屋顶花园。

3. 波斯天堂园及水法波斯

在公元前 6 世纪时兴起于伊朗西部高原，建立波斯奴隶制帝国，逐渐强大之后，占领了小亚细亚、两河流域及叙利亚广大地区，都城波斯波利斯是当时世界上有名的大城市。波斯文化非常发达，影响十分深远。古波斯帝国的奴隶主们常以祖先们经历过的狩猎生活为其娱乐方式，后来又选地造园，圈养许多动物作为游猎园囿，增强了观赏功能，在园囿的基础上发展成游乐性质的园。波斯地区一向名花异卉资源丰富，人工繁育应用也较早，在游乐园里除树木外，多种植花草。"天堂园"是其代表，园四面有围墙，其内开出纵横"十"字形的道路构成轴线，分割出四块绿地栽种花草树木。道路交叉点修筑中心水池，象征天堂，所以称之为"天堂园"。波斯地区多为高原，雨水稀少，高温干旱，于是水被看成是庭园的生命，故西亚一带造园必有水。在园中对水的利用更加着意地进行艺术加工，因而各式的水法创作也就应运而生。

（二）古希腊、古罗马园林

古希腊是欧洲文化的发源地，古希腊的建筑、景园开欧洲建筑、景园之先河，直接影响着古罗马、意大利及法国、英国等国的建筑、景园风格。后来英国吸收了中国自然山水园的意境，融入造园之中，对欧洲造园也有很大影响。

1. 古希腊庭园、柱廊园

古希腊庭园的产生相当久远，在公元前 9 世纪时，古希腊有位盲人诗人荷马，留下了两部史诗。史诗中歌咏了 400 年间的庭园状况，从中可以了解到古希腊庭园大的有 1.5 ha，周边有围篱，中间为领主的私宅。庭园内花草树木栽植很规整，有终年开花或果实累累的植物，树木有梨、栗、苹果、葡萄、无花果、石榴和橄榄树等。园中还配以喷泉，并留有生产蔬菜的地方。特别是在院落中间，设置喷水池喷泉或喷水，其水法创作，对当时及以后世界造园工程产生了极大的影响，尤其对意大利、法国利用水景造园的影响更为明显。

2. 古罗马庄园

在意大利东海岸，强大的城邦罗马征服了庞贝等广大地区，建立了奴隶制古罗马大帝国。古罗马的奴隶主贵族又兴起了建造庄园的风气。意大利是伸入地中海的半岛，半岛多山岭溪泉，并有曲长的海滨和谷地，气候湿润，植被繁茂，自然风光极为优美。古罗马贵族占有大量的土地、人力和财富，极尽奢华享受。他们除了在城市里建有豪华的宅第之外，还在郊外选择风景极美的山阜营宅造园，在很长一个时期里，古罗马山庄式的园林遍布各地。古罗马山庄的造园艺术吸取了西亚、西班牙和古希腊的传统形式，特别是对水法的创造更为奇妙。古罗马庄园又充分地结合原有山地和溪泉，逐渐发展成具有古罗马特点的台地柱廊园。

公元117年，哈德良大帝在古罗马东郊梯沃里建造的哈德良山庄最为典型。哈德良山庄占地大约18 km，由一系列馆阁庭院组成。山庄中有处理政务的殿堂，起居用的房舍，健身用的厅室，娱乐用的剧场等，层台柱廊罗列，气势十分壮观。特别是皇帝巡幸全国时，在全疆所见到的意境名迹都仿造于山庄之内，形成了古罗马历史上首次出现的最壮丽的建筑群，同时也是最大的苑园，如同一座小城市，堪称"小罗马"。

古罗马大演说家西塞罗的私家园宅有两处，一处在罗马南郊海滨，另一处在罗马东南郊。还有古罗马学者蒲林尼在罗林建的别墅，这类山庄别墅文人园在当时很有盛名。到公元5世纪时，古罗马帝国造园达到极盛时期，据当时记载古罗马附近有大小庭园的宅第多达1780所。《林果杂记》（考勒米拉着）曾记述公元前40年古罗马园庭的概况，发展到公元400年后，更达到兴盛的顶峰。古罗马的山庄或园庭都是很规整的，如图案式的花坛、修饰成形的树木，更有迷宫式的绿篱，绿地装饰已有很大的发展，园中水池更为普遍。

（三）西班牙红堡园、园丁园

西班牙处于地中海的门户，面临大西洋，多山多水，气候温和。从公元6世纪起，古希腊移民来此定居，带来了古希腊的文化，后来被古罗马征服，西班牙成了古罗马的属地，因而接受了古罗马的文化。这一时期的西班牙造园是模仿古罗马的中庭式样。公元8世纪，西班牙又被阿拉伯人征服，伊斯兰教造园传统又进入了西班牙，承袭了巴格达和大马士革的造园风格，公元976年出现了礼拜寺园。西班牙格拉那达红堡园自1248年始，前后经营100余年，园墙堡楼全用红土夯成，因此而得名。它由大小6个庭院和7个厅堂组成，其中的狮庭（1377年建）最为精美。狮庭中心是一座大喷泉，下边由12个石狮围成一周，狮庭之名由此而得。庭内开出"十"字形水渠，象征天堂。绿地只栽橘树。各庭之间都以洞门连通，还有漏窗相隔，似隔非隔，借以扩大空间效果，布局工整严谨，气氛幽闭肃静。其他各庭栽植松柏、石榴、玉兰、月桂，以及各种香花等。伊斯兰教式的建筑雕饰极其精致，色彩纹样丰富，与花木明暗对比很强烈，在欧洲独具一番风格。园庭内不置草坪花坛，而代之以五色石子铺地，斑斓洁净十分透亮。园丁园在红堡园东南200 m处，在内容和形式上，两者极为相似，园庭中按图案形式布置，尤其用五色石子铺地，纹样更加美观。公元15世纪末阿拉伯统治被推翻之后，西班牙造园转向意大利和英法风格。

（四）法兰西园林

公元15—16世纪，法国和意大利曾发生三次大规模的战争。意大利文艺复兴时期的文化，特别是意大利建筑师和文艺复兴期间的建筑形式传入了法国。

1. 城堡园

16 世纪时，法兰西贵族和封建领主都有自己的领地，中间建有领主城堡，佃户经营周围的土地。领主不仅收租税，还掌管司法治安等地方政权，实际上是小独立王国。城堡如同小宫廷，城堡建筑和庄园结合在一起，周围多是森林式栽植，并且尽量利用河流或湖泊造成宽阔的水景。从意大利传入的造园形式仅仅反映了在城堡墙边的方形地段上布置少量绿丛植坛，并未和建筑联系成统一的构图内容。法兰西贵族或领主具有狩猎游玩的传统，又多广阔的平原地带，森林茂密，水草丰盛。狩猎地常常开出直线道路，有纵横或放射状组成的道路系统，这样既方便游猎也成为良好的透景线。文艺复兴时期以前的法兰西庄园是城堡式的，在地形、理水或植树等方面都比意大利简朴得多。

2. 凡尔赛宫苑

在 17 世纪后半叶，法王路易十三战胜各个诸侯统一了法兰西全国，并且远征欧洲大陆。到了路易十四时夺取将近 100 块领土，建立起君主专治的联邦国家。法国成了生产和贸易大国，开始有了与英国争夺世界霸权的能力，此时法兰西帝国处于极盛时期。路易十四为了表示他至尊无上的权威，建立了凡尔赛宫苑。凡尔赛宫苑是西方造园史上最为光辉的成就，由勒·诺特大师设计建造，勒·诺特是一位富有广泛绘画和造园艺术知识的建筑师。

凡尔赛原是路易十三的狩猎场，只有一座三合院式砖砌猎庄，在巴黎西南。1661 年路易十四决定在此建宫苑，历经不断规划设计、改建、增建，至 1756 年路易十五时期才最后完成，共历时 90 余年。主要设计师有法国著名造园家勒·诺特、建筑师勒沃、学院派古典主义建筑代表孟萨等。路易十四有意地保留原三合院式猎庄作为全宫区的中心，将墙面改为大理石，称"大理石院"，勒沃在其南、西、北扩建，延长南北两翼，成为御院。御院前建辅助房作为前院，前院之前为扇形练兵广场，广场上筑三条放射形大道。1678—1688 年，孟萨设计凡尔赛宫南北两翼，总长度达 402 m。南翼为王子、亲王住处，北翼为中央政府办公处、教堂、剧院等。宫内有联列厅，很宽阔，有大理石大楼梯、壁画与各种雕像。中央西南为宫中主大厅（称镜廊），宫西为勒·诺特设计、建造的花园，面积约 6.7 km²，园分南、北、中三部分。南、北两部分都为绣花式花坛，再南为橘园、人工湖；北面花坛由密林包围，景色幽雅，有一条林荫路向北穿过密林，尽头为大水池、海神喷泉，园中央开一对水池。3 km 长的中轴向西穿过林园到达小林园、大林园（合称十二丛林）。穿小林园的称王家大道，中央设草地，两侧奉雕刻。道东为池，池内立阿波罗母亲塑像；道西端池内立阿波罗驾车冲出水面的塑像，中轴线进入大林园后与大运河相接，大运河为"十"字形，两条水渠成十字相交构成，纵长 1 500 m，横长 1 013 m，宽为 120 m，使空间具有更为开阔的意境。大运河南端为动物园，北端为特里阿农殿。因由勒·诺特设计、建造，此园成为欧洲造园的典范，一些国家竞相模仿。

1670 年，路易十四在大运河横臂北端为其贵妇蒙泰斯潘建一中国茶室，小巧别致，室内装饰、陈设均按中国传统样式布置，开始了外国引进中式建筑风格之先例。

凡尔赛宫苑是法国古典建筑与山水、丛林相结合的规模宏大的一座宫苑，在欧洲影响很大，一些国家纷纷效法，但多为生搬硬套，反成了庸俗怪异、华丽不实的不伦不类的东西。幸好此风为时不长就销声匿迹。可见艺术的借鉴是必要的，而模仿是无出路的，借鉴只是为了创造、出新。

（五）英国园林

英国是海洋包围的岛国，气候潮湿，国土基本平坦或处于缓丘地带。古代英国长期受意大利政治、文化的影响，受罗马教皇的严格控制。但其地理条件得天独厚，民族传统观念较稳固，有其自己的审美传统与兴趣、观念中，尤其是对大自然的热爱与追求，形成了英国独特的园林风格。17世纪之前，英国造园主要模仿意大利的别墅、庄园，园林的规划设计为封闭的环境，多构成古典城堡式的官邸，以防御功能为主。从14世纪起，英国所建庄园转向了追求大自然风景的自然形式。17世纪，英国模仿法国凡尔赛宫苑，将官邸庄园改建为法国景园模式的整形苑园，一时成为其上流社会的风尚。18世纪，英国工业与商业发达，成为世界强国，其造园吸取中国景园、绘画与欧洲风景画的特色，探求本国新的景观园林形式，出现了自然风景园。

1. 英国传统庄园

英国从14世纪开始，改变了古典城堡式庄园形成与自然结合的新庄园，对其后景园文化及传统影响深远。新庄园基本上分布在两处：一是庄园主的领地内丘阜南坡之上；一是城市近郊。前者称"杜特式"庄园，利用丘阜起伏的地形与稀疏的树林、绿茵草地，以及河流或湖沼，构成秀丽、开阔的自然景观，在开朗处布置建筑群，使其处于疏林、草地之中。这类庄园，一般称为"疏林草地风光"，概括其自然风景的特色。庄园的细部处理，也极尽自然格调。如用有皮木材或树枝作棚架、栅篱或凉亭，周围设木柱栏杆等。城市近郊庄园，外围设隔离高墙，但高度以便于借景为宜。园中央或轴线上筑一土山，称"台丘"，台丘上或建亭，或不建亭。一般台丘为多层，设台阶，盘曲蹬道相通。园中也常模仿意大利、法国的绿丛植坛、花坛，而建方形或长方形植坛，以黄杨等作植篱，组成几何图案，或修剪成各种样式。

2. 英国整形园

从17世纪60年代起，英国开始模仿法国凡尔赛宫苑，刻意追求几何整齐植坛，而使造园出现了明显的人工雕饰，破坏了自然景观，丧失了自己优秀的传统，如伊丽莎白皇家宫苑、汉普顿园和却特斯园等。这些园一律将树木、灌丛修剪成建筑物形状、鸟兽物像和模纹花坛，园内各处布置奇形怪状，而原有的乔木、树丛、绿地，却遭严重破坏。培根在其《论园苑》中指出，这些园充满了人为意味，只可供孩子们玩赏。英国的教训，实为后世之鉴，也为英国自然风景园的出现创造了条件。但是，其整形园后来也并未绝迹，在英国影响久远。

3. 英国的自然风景园

18世纪英国产业革命使其成为世界上头号工业大国，国家经济实力大为改观，原始的自然环境开始遭到工业发展的威胁，人们更为重视自然保护，更热爱自然。当时英国生物学家也大力提倡造林，文学家、画家发表了较多颂扬自然树林的作品，并出现了浪漫主义思潮，而且庄园主对刻板的整形园也感厌倦，加上受中国园林等的启迪，英国园林建筑师注意到从自然风景中汲取营养，逐渐形成了自然风景园的新风格。

园林师 W. 肯特在园林设计中大量运用自然手法，改造了白金汉郡的斯托乌府邸园。园中有形状自然的河流、湖泊，起伏的草地，自然生长的树丛，弯曲的小径。继其后，他的助手 L. 布朗又加以彻底改造，除去一切规则式痕迹，全园呈现出牧歌式的自然景色。此园一成，人们为之耳目一新，争相效法，形成了"自然风景学派"，自然风景园相继出现。

18世纪末，布朗的继承者雷普顿改进了风景园的设计。他将原有的庄园的林荫路、台地保留下来，高耸建筑物前布置整形的树冠，如圆形、扁圆形树冠，使建筑线条与树形相互映衬。运用花坛、栅架、栅栏、台阶作为建筑物向自然环境的过渡，把自然风景作为各种装饰性布置的壮丽背景。这样做迎合了一些庄园主对传统庄园的怀念，并且将自然景观与人工整形景观结合起来，可说也是一种艺术综合的表现。但他的处理艺术并不理想，正如有人指出的，走进园中看不到生动、惊异的东西。

第二节　现代景观园林建筑发展简介

一、现代景观园林建筑特点

景观园林同建筑等其他形式的工程艺术一样，具有地方性、民族性、时代性，它是人创造的源于自然美的、又供人使用的空间环境。因此，不同时代、不同民族、不同地域的景观园林均被打上了不同的烙印，现代景观园林的发展同样受到现代人及现代社会背景的巨大影响。

从历史渊源来讲，现代景观园林同古代园林或景观有着许多共同的因素，是对优秀传统景观园林文化的继承和发展，概括起来，现代景观园林具有以下特点。

（一）传统与现代的对话与交融

传统与现代永远是相对的概念，是密不可分的统一体。在景观园林的发展历程中，传统的景观园林与现代景观园林体系始终在对话交流，并在实践中相互融合并存，传统景观园林为现代景观园林提供了丰富的内涵及深层次的文化基础，现代景观园林又发展了传统景观园林的内容及功能。

（二）现代景观园林的开放性与公众性

同传统景观园林相比，现代景观园林更具开放性，强调为公众群体服务的观念，面向群体是现代景观园林的显著特点，也是引发传统向现代变革的重要因素。现代景观园林在规划设计中要同时考虑许许多多、形形色色的人的不同需求。如现代景观园林设计中的广场环境设计就是典型的例证之一。

（三）强调精神文化的现代景观园林

明代计成在《园冶》中把"造园之始，意在笔先"作为园林设计的基本原则。这里的"意"既可理解为设计意图或构思，也可理解为一种意向、主题、寓意等为主体的为人服务的文化意识形态。现代景观园林在快节奏、精神压力大的现代社会中起到了缓解精神压力的作用，被视为塑造城市形象、营造社区环境、提高文化品位的重要方面。

（四）同城市规划、环境规划相结合

现代景观园林规划已成为城市规划的一个组成部分，也是其中的一个规划分支。对于城市总体环境建设起着举足轻重的作用，如城市中的景观系统规划、绿化系统规划等。对于历史文化名城的保护，也属于典型的景观园林规划设计。对于更大范围的环境规划或风景名胜区规划来说，景观园林规划设计已融入环境保护及旅游规划之中。

（五）面向资源开发与环境保护

现代景观园林规划设计中的另一大领域，已经超脱于规划，不是具体的景观规划，而是把景观当作一种资源，就像对待森林、煤炭等自然资源一样。这项工作国外进行的较早，如美国有专门的机构及人员运用 GIS 系统管理国土上的风景资源，尤其是对城市以外的大片未开发地区的景观资源。中国也是风景资源、旅游资源的大国，如何评价、保护、开发这两大资源，是一项很重要的工作。这项工作涉及面较广，进一步扩大就与人口、移民、寻求新的生存环境相联系，所以从广义的角度来看，这种评价、保护、开发的研究实践就与人居环境的研究实践联系在一起，非常综合，不仅仅是建筑、规划、景观园林三个专业方面的内容，还包括社会学、哲学、地理、文化、生态等各方面内容。目前，我国在有些院校已成立资源环境与城乡规划管理等专业，同地理学专业相比，在管理景观资源方面更专业、更有利于景观资源的分析、评价、保护、开发工作。

二、景观园林规划与设计专业教育的发展

国外的景观园林规划教育开始较早，发展至今其体系已较为完善。我国的园林类专业教育最早开始于 20 世纪 60 年代初，由北京林业大学园艺系创办了园林专业，同济大学也于同期按国际景观建筑学专业模式在城市规划专业中开设了名为"景观园林规划设计"的专业方向，并创办景观园林专业学科和硕士点教育及景观园林规划设计博士培养方向，继而又有许多建筑院校开办了此类专业。与国际景观建筑学专业教育体制相比，除个别院校

外，至今仍没有较全面完整的景观园林学专业教育。在专业调整时，又取消了建筑学科中的景观园林本科专业，使目前国内建筑教育中的景观园林规划学设计专业出现空白，无法找到任何与之相近或可以涵盖的专业。景观园林规划设计专业观念上混乱不清，理论上难以深入，实践上缺乏令人满意的规划设计实例，专业教育上后继无人。目前，国内从事景观园林规划学设计专业的人员主要来自六大方面：建筑界的建筑学和城市规划专业出身的人员；农林界园林和园艺专业出身的人员；地学界资源、旅游专业的人员；环境界资源、生态方面的专业人员；管理界旅游、管理出身的人员；艺术界环境艺术专业出身的人员。这种状况已经严重阻碍了现今中国城市化进程中日益需要的环境建设的保护与发展。对此，同济大学刘滨谊教授预测，建筑界未来 20 年最为紧俏的专业将是景观园林规划与设计专业。

其实，早在 20 世纪初美国的奥姆斯特德就继承传统造园文化，把自己所从事的专业称为"景观建筑师"而不是"园丁"，从而造就了美国景观专业的百年辉煌。在 20 世纪中叶，麦克哈格又发展了奥姆斯特德的现代景观规划设计理论，从农业时代特征的传统景观园林思想向工业化社会转变，勇敢地面对当时的资源、环境和人类生存问题，承担起对于景观规划和人类生态系统设计的重任，使"设计结合自然"的思想渗透到各个领域，使自己成为在不同层次、不同尺度上处理人与自然关系的中坚力量。生物学家 Wilson 如是说："在生物多样性的保护中，景观设计将起决定性的作用。"旅游学家 Gunn 说："在所有设计学专业中，最适合进行旅游与环境设计的是景观规划设计师。"而麦克哈格是美国历史上及至整个世界范围内第一位直接受到总统及国家重要领导人进行政策咨询的景观工作者，并使景观专业人员自豪的在全球或区域范围内承担其他专业所不能胜任的任务。由此可见，景观规划与设计专业在 21 世纪环境建设、保护与发展中的重要性，与之相适应的专业教育也显得非常重要。纵观国际景观园林建筑学教育及发展具有以下几个特点。

（一）边缘性

景观园林学是在自然和人工两大范畴边缘诞生的，因此，它的专业知识范畴也处于众多的自然科学和社会科学的边缘。例如，建筑学、城市规划、地学、生态学、环境科学、园艺学、林学、旅游学、社会学、人类文化学、心理学、文学、艺术、测绘、3S（遥感、GPS、GIS）应用、计算机技术等。

（二）开放性

景观园林学专业教育不仅向建筑学和城市规划人士开放，也向其他具备自然科学背景或社会科学背景的人士开放，持各种专业背景的人都有机会基于各自的专长从事景观园林学的工程实践。没有固定模式和严格专业界限，体现了景观园林学的开放性。

（三）综合性

多方面人士的参与导致了学科专业的综合性。景观园林学专业教育所需要培养的不是单一门类知识的专才，而是综合应用多学科专业知识的全才。

（四）完整性

景观园林学专业教育横跨自然科学和人文科学两大方向。包括了从建设工程技术、资源环境规划、经济政策、法律、管理到心理行为、文化、历史、社会习俗等完整的教育内容。

（五）体系性

多学科知识关系并不芜杂凌乱，基本都统一在"环境规划设计"这一总纲之下，不同研究方向只是手段和角度不同而已。景观园林学体系同建筑学、城市规划、环境艺术等相关专业既相互关系，又不依赖它们，有其完整独立的学科体系。

第三节　东西方景观园林建筑的交流与发展

中西园林艺术的交流，最早可追溯到盛唐时的丝绸之路。此后经马可·波罗的宣传，很多欧洲人开始仰慕中国园林之美。中国园林对欧洲的真正影响，则是在 17 世纪末到 18 世纪初。曾参与绘制圆明园 40 景图的法国画家王致诚对中国园林的介绍，使欧洲人更为详细准确地了解到了中国园林的艺术风格。中国园林是"由自然天成"，无论是蜿蜒曲折的道路，还是变化无穷的池岸，都不同于欧洲的那种处处喜欢统一和对称的造园风格。书中所描述的中国园林的造园思想，同当时法国启蒙主义思想家提倡的"返璞归真"、艺术必须表现强烈的情感的思想相符合。该书出版后轰动了欧洲，不少王公贵族千方百计地收集有关中国园林的资料。

在这种多方宣传、介绍中国园林艺术的风气引导下，法国人开始在他们的花园建设中采用某些中国园林艺术手法。1670 年，在距凡尔赛宫主楼 1.5 km 处，出现了最早的仿中国式建筑"蓝白瓷宫其外观仿南京琉璃塔风格，内部陈设中式家具，取名"中国茶厅"。1774 年，凡尔赛的小特里阿农花园建成，里面安排了曲折的小径、假山、岩洞和不规则的湖面。在此期间，各地中国式花园相继出现，规模有大有小，但都出现了中国园林的布局风格。1775 年路易十五下令将凡尔赛花园里经过修剪的树全部砍光，因为中国式的对自然情趣的追求，也影响了法国人对园林植树原则的认识。有人将此看作是中国园林艺术在法国取得最后胜利的标志。

中国园林艺术对英国也产生了质性的影响。早在 1685 年，坦柏尔伯爵便在《论造园艺术》一文中，称赞中国的花园如同大自然的一个单元，它布局的均衡性是隐而不显，中国园林表现了大自然的创造力。在当时对中国园林艺术所知不多的情况下，英国人还是竭力凭所了解到的一些中国的造园经验来构筑他们的花园。到了 18 世纪，中国园林艺术对英国人影响就更深更具体了。英国著名学者钱伯斯在 1742—1744 年间来到中国广州，收集了一批建筑、园林等方面的资料。他怀着对中国园林浓厚的兴趣，参观了一些园林，先后出版了《中国园林的布局艺术》和《东方造园艺术泛论》等著作。

在 1757—1763 年间，钱伯斯在为王太后主持丘园设计和建造时，运用了一些中国园林的手法，如辟湖叠山，构筑岩洞，还造了一座十层八角的中国砖塔和一座阁楼，这两栋建筑物比以前欧洲任何一栋中国式建筑都更接近真正的中国式样。钱伯斯的著作和丘园的设计，对当时的英国人产生了十分重大的影响。一时间，仿效中国园林池、泉、桥、洞、假山、幽林等自然式布局的新高潮在英国各地兴起。

受中国园林的影响，当时欧洲人不仅推崇中国园林的建筑，中国式的小建筑物在欧洲花园中相当流行，而且改变了原有园林水域设置的方法，水体被处理成自然式的形状和驳岸；在植物配置方面，也抛弃了原有的行列式和几何式的种植法，任树木自然生长，注意品种多样，讲究四时有景，自然配置园林花木。

中国园林艺术对法国和英国的花园设计、建造的影响持续很久。有些按照中国风格设计的花园至今仍保留着。受法国和英国仿效中国园林之风的影响，欧洲大陆其他各国也都竞相步英法后尘。德国卡塞尔附近的威廉阜花园，是德国最大的中国式花园之一。在瑞典斯德哥尔摩郊区德劳特宁尔摩中式园亭，里面的殿、台、廊和水景，纯粹是中国风格。在波兰，国王在华沙的拉赵克御园中也建起了中国式桥和亭子。在意大利，曾有人特邀英国造园家到罗马，将一庄园内的景区改造成中国园林的自然式布局。在美国，许多城市都建有中国式园林。中国园林艺术以其自然的倾向、"宛自天开"的布局、清雅幽远的意境，吸引并感染了欧洲人，对西方园林艺术产生了持久的影响。

中国园林在世界景观园林界占据非常重要的地位，这是许多国人常常引以为豪的事情，那么西方人是怎样认识中国园林艺术，中国园林在世界景观园林中的地位和前景如何呢？从下列所介绍的与中国园林有关的若干英文著述中，也许可以寻找到解决这一问题的答案，因为它们既是呼唤中国园林出现在西方的前奏，也是新一轮东西方文化交流的成果。

东南大学的朱光亚先生曾在多伦多大学建筑学院的图书馆中找到十余本关于中国园林的专著，这一数量与欧美园林书籍无法相比，就是同日本园林书籍相比也少得多。该校建筑系开设有建筑与园林史课，其宗旨是："向学生介绍 18 世纪到如今的欧洲和北美的建筑，园林与城市规划的历史与理论。"东方历史竟未列其中，中国园林专著不属于此课程的必读或推荐参考书。

由西方作者所著的书籍中，比较有代表性的主要有以下几种。

一、《中国园林——历史、艺术与建筑》

作者 Maggie Keswick，她的父亲曾是英中贸易委员会主席，20 世纪 60 年代初随父亲来华，被颐和园、北海的魅力所打动，继而又访问苏州，投身此书写作长达 18 年之久，该书在美国出版。全书除前言、附录外共 9 章，从 1749 年法国人一封关于中国园林的信开始，述及历史类型、山水观念等，并请 Charles Jencks 撰写了第九章"中国园林的意味"。10 年以后，当加拿大温哥华的逸仙园已建成开放，她受特别邀请为该院的《在一个中国园中》一书撰写了第一章"心灵的享受"并被列为该书第一作者。20 世纪 70 年代末,纽约大都会博物馆筹建中国园,由 Edmin,T.Marris 著的《中国园林》一书即是这一活动的副产品之一,作者在纽约和布芳伦市植物园任教,又熟悉汉语和中国园艺,曾多次带队访华,他以流畅活泼的文笔叙述产生中国园林的地理与文化环境,诗、画、文人、山水及园林实例并谈及中国园林艺术的传播和当代的运作。

二、《造一个中国花园》

这是一本非常值得一读的书,此书兼具实用性和理论性。作者是一位美国景园建筑师,自 20 世纪 50 年代起即在东京投身日本园林与艺术研究,在美国等处做了不少设计,出版过两本关于日本园林的专著,20 世纪 70 年代开始研究中国园林,1986 年出版该书,书中对中国园林的山、水、石、铺地、盆景等皆有独到见解,尤以中日园林比较一章使人折服。

三、《中国文人园》

该书作者 R.Stewar Johnston,在美国出版,许多中国学者也参与该书的编写。该书强调新的研究文脉,又瞄准私园,力图解释文人宇宙观与园林之间的相互作用及关系,本书收录与复制了许多别的书没有的资料,显示了作者建筑专业的背景。

四、《中国园林》

作者为德国的 Marianne Benchert,以德文出版,全书从造园特点、历史、理论、社会、文化思想等多方面论述了中国园林,是近现代西方出版的一部比较全面、系统的论述了中国园林文化的较出色的著作。该书插图采用中国画形式,由何镇强创作,颇能表现出中国园林的意境。该书作者是德国著名园艺学家和知名作家。她酷爱中国文化,尤其是对中国园林艺术极感兴趣,她曾多次访问中国,考察中国园林和城市环境绿化,与中国专家学者广泛接触交流。她也经常在电视台、广播电台及一些城市和大学办讲座,宣传和介绍中国园林,并在德国进行中国园林的实践工作,如修建在慕尼黑的"芳华园"、法兰克福的"春华园"即是作者的辛劳之结晶,她还致力于中德园艺教育的交流工作,为帮助中国培养园艺人才,她提供自己的稿费作为中国赴德进修生的专款。德国政府为表彰她在写作上的成就和她对促进的中德文化交流做出的贡献,特别授予玛丽安娜·鲍榭蒂女士联邦德国大十字勋章。本书已译成中文由中国建筑工业出版社在国内出版发行。

五、《园史》

由 Faith 和 Geoffery 合著,在伦敦出版,是一本立足西方景园设计谈中国园林的实用性书。作者不着重于深入研究或理清中国园林发展的历史脉络和观念。作者凭着对东方文化的整体领悟，不引用任何古画或书法资料，仅依据作者在中国和其他地方拍摄的中国文物、自然风景、园林的照片及大量作者自绘的图案式绘画、英译的中国古诗等表达对中国艺术的理解。作者是花园设计师，着眼于创造有中国风格的新的西方景园，对此有本书中介绍到作者设计的"中国迷宫园"而获皇家园林学会金奖一事而得以鉴证。

第四章 景观园林建筑的艺术

景观园林艺术是多元化的、综合的、空间多维性的艺术，它包含着听觉艺术、视觉艺术、动的艺术、静的艺术，时间艺术、空间艺术，表现艺术、再现艺术，以及实用艺术等。此外，景观园林艺术同绘画、音乐、舞蹈等艺术形式欣赏的地点及方式不同，可以动态的、不受空间限制，创作所用的物质材料可以是有生命的，而其他艺术形式则不能。同其他艺术形式相同的是景观园林艺术创作存在着艺术家本人的创作个性，涉及艺术家个人的思维、意境、灵感、艺术造诣、世界观、审美观、阅历、表现技法等多个方面。景观园林的设计、建造过程伴随着结构、材料、工艺、种植等技术，且周期较长，这也导致景观园林艺术的创作有其自己的特点。

第一节 景观园林艺术的基本内容

一、地形地貌艺术

地形地貌的利用与改造是景观园林艺术的重要内容之一，以中国园林为代表的东方景观园林是充分利用自然地形美的典范。西方研究地景学，即大地景观，也是现代景观园林艺术研究的重要方向。自然中的江、河、湖、海、池塘、瀑布、山峦、丘陵、峡谷、平川、草原等无一不是人间美景，即使是不毛之地的戈壁沙漠，也在太阳的余晖中透出粗狂、神妙的艺术美感。计成在《园冶》中就为此提出"巧而得体""精而合宜"的因地制宜的地形地貌利用原则。所以，在景观园林规划设计之初及建设过程中对地形地貌利用时应注意。

（一）科学调查、合理评价

自然界变化万千，对建设用地内所涉及的地形地貌及相关的地质构造、水文等相关情况要有充分认识，并给予准确的评估，以便在规划设计中合理利用或改造。

（二）因势利导、保护为主

因地制宜、因势利导是地形地貌利用的基本原则，要正确地利用原有的地形，无论是建造房屋、修路、种树，一切属于景观园林建设的内容都要使原有的地形变动越少越好，避免大动干戈。纵观历史，我国许多名山上的人文构景都是因山就势，尊重自然，这其中包含着深刻含义。

（三）时空互动、远近结合

自然景观中的地形地貌是构建景观园林的载体，在开发利用时，首先应考虑时间上的远近结合，合理规划，分期建设，为未来发展留有充分的余地；在空间上也要远近结合，讲究景观序列中自然与人文景观的层次与景深，刘滨谊先生曾提出"风景旷奥度"问题，即是对此方面进行深入研究的结果。景观园林建筑师应清醒地认识到，自然地形地貌一旦被人为景观破坏是人力难以恢复的。因而，时间与空间的远近结合十分重要。

（四）高瞻远瞩、绿色映帘

从审美心理来分析，人们不辞辛苦地寻求登山之乐，游览自然风光，目的在于欣赏自然界的万千变化及地势的起伏不定，并登高望远，体会"一览众山小"的意境，故在地形地貌规划改造中适当安排能高瞻远瞩的眺望点是必要的。此外，绿色植物是自然地形地貌的保护层，可以丰富和改善自然地势之美，在设计中应充分利用。

二、水景艺术

水景艺术是景观园林艺术的重要组成部分，尤其是对中国古典园林，几乎不存在没有水景的古典景观园林。瑞典造园学家欧·西润在1940年出版的《中国的园林》一书中说："水从来就是园林中的重要组成部分，但是中国园林中水的范围更大，所占的地位更为突出。"中国传统造园中的水景之美从以下图例中可见一斑。

在具体做法中，《园冶》的观点具有一定的代表性，对后期造园水景艺术的处理影响亦较大，如关于水景的位置有如下叙述："高方欲就亭台，低凹可开池沼"，（《园冶·相地篇》）"就低凿水"（《园冶·山林地》），"立基先究源头，疏源之去由，察水之来历"（《园冶·相地篇》）等，说明水景的位置取决于两个因素，即寻洼地、找水源，都十分重要。关于水景的面积大小，《园冶》厕主张："约十亩之基，须开池者三……"关于水景的形式，《园冶》中提到许多，如"濠""溪流""涧壑""流觞""瀑布"等，且宜"门湾一带溪流"，"门引春流到泽"，在城市中应有"清池涵月""池荷香绢"，且有"池塘倒影如入鲛鱼宫"之效果，所开小河应"临濠蜒蜿"。关于水边的建筑物布置的原则是："卜筑贵从水面"（相地篇），"亭台突池沼而参差"（山林地），"江干湖畔，深柳疏芦之际，略成小筑"（江湖地），"水际安亭"（亭榭基）等。

在近现代景观园林之中水景艺术的塑造除遵循自然、古典传统之美外，更因科学技术的进步以及人的审美观的变化而增加了更多的形式及做法，并与其他造型要素，如声、光、电等相互配合，在不同场所、地点、环境中营造不同风格特征的水景，在实践中设计师应灵活掌握。

三、园路的艺术

景观园林艺术在欣赏过程中欲达到"步移景异"的效果，与园路的设计形式是密不可分的。园路的设计要方便游人去选择游览的目标，实际上游人还是依从设计的意图前进，这两方面必须巧妙地结合起来，要科学处理复杂的游人心理。失败的设计是把游人约束在道路上，像赶鸭子一样缓缓地蠕动，或者像有轨电车一样，不得不循着轨道前进。英国人在接触中国自然式园林之后，领悟到了其中的深意，也为了选择的自由，他们在典型的风景式景园中，只铺草坪不修小路，所以有一句话叫作："英国园林无小路。"其中的奥妙值得回味，同时也省得设计师去伤脑筋了。

（一）色彩

园路的色彩宜与周边环境协调，一般不用鲜艳的原色，但良好的色彩设计可以取得特殊的效果。

（二）肌理

园路本身是园林中景观的一部分，其表面的肌理花纹效果应与整体相协调，并应体现园路设计的意图与风格，如草皮路、卵石路、碎片路、预制人造材料路、天然石材路等，不同材质，肌理效果不同，应合理选用。

（三）质感

园路常需要用某种质感的材料来体现特定的效果或气氛，如日本枯山水中用耙耙过的白色砾石表示曾经被海水冲过的河滩或大海；有的表示材质的柔软、粗糙、精细等不同的质感，在园路设计中应充分重视。

（四）舒适感

园路的艺术美感与人行走的舒适感极为密切。如采用木质基材或路两侧作适当的防护措施等；令人行走困难、无安全感的园路是不会令人有美感的，如在坡道采用抛光的花岗碎片平铺的道路，常会让人滑倒，尤其在雨中，无论这样的园路如何漂亮，因为没有舒适感，就会失去了其以人为本的内在艺术性。

"路是人走出来的"这句话对园路的设计很有意义，这指出它的方向性、合理性和必要性，应符合人的需求，艺术的真正含义正是孕育在人的需要当中。因此道路设计是体现景观园林设计的重要方面。

四、景观园林中植物及色彩的艺术

色彩斑斓的色彩是构成园林艺术不可缺少的要素，景观园林中的众多设计要素都是有一定的色彩的或动或静的实体，在设计中应合理搭配自然景物与人工构筑之间的色彩关系，充分利用自然色彩美，减少人为色彩的比重，具体原则应遵循以下几项。

（一）色相

景观园林中的要素和植物的色相非常丰富，但并非色彩越多就越令人愉快。在设计中有单一色棚设计、两种色相配合及三种色相配合等手法，三种以下的多色相设计应慎用。此外，还应注意景观园林中背景（如墙壁、建筑）颜色的选择与搭配，对营造良好的色彩艺术气氛极为重要。

（二）色块

中国传统的绘嘲技法重在线条的表现，西洋绘画无论是水彩或油画，均以色块表现为主。景观园林中的色彩也是由各种大小色块构成的，色块的设计手法及效果有多种，如色块的大小、集中与分散、排列方式、对比、浓淡、冷暖、明暗等均直接影响景观的实际效果。

（三）背景

景观园林中的一些垂直景物如墙面、绿篱栏杆、远处山体、高树丛、建筑物、天空等可以适当地利用作为背景的衬托，在设计中应灵活运用，巧妙安排。

（四）色彩象征及寓意

人类在对色彩的认识过程中，逐步形成对不同的色彩有不同的理解，并赋予它们不同的含义与象征，从而体现出不同民族、不同地域、不同信仰的人的不同历史传统及文化背景。一般来说，不同性别、不同年龄、不同阶级甚至同一个人在情绪不同时，对色的认识均有所不同。例如，红色象征火的色彩，在中国还象征革命的火炬，红又是交通信号的停止色，消防车色；黄色象征日光，在中国是帝王的专用色，古罗马的黄色为高贵色，但在欧美，黄是下等色；绿色象征和平与安全，生命与生长，嫩绿又意味着不成熟，但在西方把绿色看成是嫉妒的恶魔；蓝色是幸福希望，在西方蓝色表示身份的高贵，在日本蓝色表示青春，同时蓝色又往往意味着悲伤；紫色是高贵庄重色，在中国、日本表示服装、建筑等级，表示吉祥之色，如紫气东来，紫禁城等。古代中国、日本还以色代表方位，如东为蓝、南为红、西为白、北为黑、中为黄。西方又以红代表基督教、情人节祭，橙色是万圣节前夜祭，茶色表示感恩节，红和绿象征圣诞节等。

为进一步了解景观园林中植物及色彩的艺术，可从以下四个方面去认识。

1. 植物色彩美与色叶树的应用

植物美是构成园林美的主要角色，它的品类繁多，有木本、草本，木本中又有观花、观叶、观果、观枝干的各种乔木和灌木。草本中又有大量的花卉和草坪植物。一年四季呈现出各种奇丽的色彩和香味，表现出各种体形和线条，植物美的贡献是足享不尽的。我国植物资源（基因库）最为丰富，有花植物约 250 000 种，其中乔木 2 000 种，灌木与草本约 2 300 种，传播于世界各地。植物是景观园林中绿色生命的要素，与造园、造景、人类生活关系极为密切。

植物美最主要的是表现在植物的叶色和花色上，绝大多数植物叶的叶片是绿色的，但植物叶片的绿色在色度上有深浅不同，在色调上也有明暗、色相之异。这种色度和色调的不同会随着一年四季的变化而不同。如垂柳初发叶时由黄绿逐渐变为淡绿，夏秋季为浓绿；春季银杏和乌桕的叶子为绿色，到了秋季则银杏叶为黄色，乌桕叶为红色，鸡爪槭叶子在春天先红后绿，到秋季又变成红色。

景观园林中常用的观花观叶植物是很多的，花和叶的色彩是极其丰富而又富于变化的，不仅不同的树木花卉种类具有不同色彩，就是同一树木花卉种类的不同品种其花色也是以构成一个万紫千红的世界，如月季花就有2万个品种，菊花在全世界有7 000多个品种，根据树木花卉的色相，仅花卉的色彩大致可以分为以下几大类。

（1）红色系的花卉。（从深红至浅红）串红、凤仙花、鸡冠花、红花美人蕉、石榴、山茶、木棉、木本象牙红、月季。

（2）黄花色系的花卉。金鸡菊、万寿菊、菊花、迎春、黄蔷薇、金丝桃、蜡梅、金桂等。

（3）蓝紫色系的花卉。鸢尾、紫藤、翠菊、紫丁香、紫玉兰、蓝雪花、桔梗、美女樱等。

（4）白色花系的花卉。百合、白丁香、女贞、香雪球、水仙、珍珠梅、栀子花、白玫瑰等。

观赏植物的叶色变化多样，叶色丰富，根据叶色可分为以下几类。

（1）绿色叶类。绿色是植物的基本色彩，但在大自然中，植物叶的绿色有不同层次的差别。叶色表现为深绿者有：油松、圆柏、云杉、女贞、桂花、侧柏等；叶色表现为淡绿者有：水杉、金钱松、七叶树等。

（2）彩叶类。叶色的变化初分为以下几类：①春色叶类。叶在春天表现为嫩绿、鲜红或鲜黄等不同色彩。如松树、臭椿、石楠、五角枫等春色叶为鲜红色。②秋色叶类。叶在秋天表现为鲜红色或鲜黄色等色彩。如枫香、地锦、五叶地锦、乌桕等叶在秋天变为红色或紫红色等；银杏、白蜡、金钱松的叶在秋天变为黄色等。③常色叶类。树木的叶子在全年表现为异色，如在生长季节内，叶片变为红色或黄色等一系列色彩。如紫叶李、紫叶小檗、变叶木等。④双色叶类。叶子正反两面具不同色彩，如红背桂、银白杨、胡颓子等。⑤斑色叶类。绿叶上具有其他颜色的斑纹和斑点。如变叶木、洒金桃叶珊瑚等观赏植物的色彩。

除花、叶外还有枝干。

（1）白色枝干类。白皮松、白桦、银白杨等。

（2）金黄色干类。金竹、金枝柳、金枝梅等。

（3）绿色枝干类。梧桐、毛竹等。紫色枝干类，紫竹等。

（4）红色枝干类。红瑞木、山桃等。

这些色叶树木会随季节的不同，变化复杂的色彩，人们掌握它的生物学特性，运用它最佳色彩稳定规律，实现科学配植是完全可行的。

2. 植物色彩美的常用形式

园林植物色彩表现的形式一般以对比色、邻补色、协调色体现较多。对比色相配的景物能产生对比的艺术效果，给人强烈醒目的美感，而邻补色就较为缓和给人以淡雅和谐的感觉。如芜湖市迎宾阁水面一角的荷叶塘，当夏季雨后天晴，绿色荷叶上雨水欲滴欲止时，正值粉红色荷花相继怒放时，犹如一幅天然水墨画，给人一种自然可爱的含蓄色彩美。如九华山路分车带，以疏林草地式配置，以白色的护栏为背景，保留乔木银杏，满栽常绿色高羊茅草，夏季树木、草坪深深浅浅的绿色，虽无花朵，也感到清新宜人和谐可爱。秋季银杏叶色变黄，秋风阵阵，黄叶凋落在绿色的草坪上，黄绿色彩的交相辉映，既壮观又协调，给人一种深刻的赏心悦目的美好感受。

协调色一般以红、黄、蓝或橙、绿、紫二次色配合，均可获得良好的协调效果。这在景观园林中应用已经十分广泛。如芜湖市在公园花坛、绿地常用橙黄的金盏菊和紫色。

3. 植物色彩美与色块配置

园林植物的色彩另一种表现形式就是园林色块的效果。色块的大小可以直接影响对比与协调，色块的集中与分散是最能表现色彩效果的手段，而色块的排列又决定了园林的形式美。如安徽省芜湖市人民路西段在拓宽后，用大叶女贞作行道树，分车带点栽杜英，再用金叶女贞和红花继木做排列式色块配置，暗红色和淡绿色显得明快、简洁、协调；如北京路行道树为香樟，分车带点栽杜英，用红花继木和小蜀柏交叉排列，暗红色和浓绿色在白色的护栏背景下，体现出色彩的视觉美，真是美不胜收；又如新市口花坛采用红花继木、小龙柏组成流线型模纹花坛，并配置满铺的高羊茅草，充分体现了现代化、大手笔的园林布景手法；再如昆明世博园中的植物色块搭配及花境设计，均体现出植物色彩的美感。这些景点成功的植物色彩配置就是科学巧妙地运用了色彩的颜色、色度、层次，给人们一种美的享受。

4. 体现植物美的界面交接方式

植物都是有生命的有机体，植物的美体现在其不同的生态习性及充满勃勃生机的成长过程之中，植物生存最基本的条件就是土地，因此植物造景中的难点除植物组合搭配之外，就是每棵植物与地面的交接处理方式，要求既要保证植物的生长，又要充分体现植物的美感及组景特点，并通过交接界面的巧妙灵活处理，丰富和发展景观园林艺术。下面的工程实例可为我们在植物造景设计中提供有益的启示。

景观园林的植物美和园林艺术之间是相辅相成、相互提高的。随着现代化社会文明程度的提高，人们对景观园林景色的欣赏水平也日益提高，对于从事园林事业的有志人士在给人们欣赏自然美、古典美的同时，要善于发现美、创造美，掌握植物色彩的奥妙和规律，配置最新、最美的图案，给人们布置更多更好的符合时代节奏的现代园林景观。

五、景观园林的空间艺术

景观园林布局及空间设计变化很多，其基本特征符合自然空间形态的变化规律。如在自然环境中远山峰峦起伏呈现出节奏感的轮廓线，由地形起伏变化所带来的人之仰、俯、平视构成的空间变化，开阔的水面或蛇曲所带来的水体空间和曲折多变的岸际线，以及自然树群所形成的平缓延续的绿色树冠变化线等。概括起来，景观园林空间艺术的表现有以下几个方面。

（1）体现自然形态之美，符合自然景物变化规律。

（2）空间形式变化多端，如开合、大小、高低、明暗、对比、缩小、扩大等。

（3）讲究序列及景深，可为人提供行为与心理享受的场所。

（4）建筑布局与景园景区划分融为一体，体现人工与自然的和谐统一。

（5）景观园林空间讲究视觉化的透视效果、景观序列、景深。

第二节 景观园林的基本艺术特征

一、景观园林艺术的根源——美与有然美

景观园林艺术的根本是"美"，脱离了艺术原则中的美，景观园林艺术就失去了其在环境中的意义。而"美"本身就是一个极其复杂的概念，在《美和美的创造》一书中对"美"有这样的解释："美是一种客观存在的社会现象，它是人类通过创造性的劳动实践，把具有真和善的品质的本质力量，在对象中实现出来，从而使对象成为一种能够引起爱慕和喜悦的感情的观赏形象，就是美。"可见美当中包含着客观世界（大自然）、人的创造和实践、人的思想品质及诱发人视觉和感知的外在形象。

人对美的认识来自对美的心理认识——美感。美感因社会、阶层、民族、时代、地区及联想力、功利要求等的不同而不同，基于此，对景园艺术的复杂性、多元化的认识也应首先从美的特征来把握。

自然美是一切美的源泉。景观园林产生于自然，景观园林美来自人们对自然美的发现、观察、认识和提炼。因此，景观园林艺术的根源在于对自然美的挖掘和创造。

二、景观园林艺术中的意境——心理场写意

景观园林艺术的表现除景观园林空间造型的外在形式外，更重要的是它像山水画艺术及文学艺术那样，可以使人得到心理的联想和共鸣而产生意境，明朝书画家董其昌说过："诗以山川为境，山川亦以诗为境"，吸取自然山川之美的园林艺术既可"化诗为景"，更可使人置身其中触景生情，进而引发人的诗、画联想，从以下的古诗中我们可以感受诗人对景观园林意境的描述。

"独照影时临水畔，最含情处出墙头"（王安石）；

"好傍翠楼装月色，枉随红叶舞秋声"（罗邺：咏芦花）；

"繁华事散逐香尘，流水无情草自春。日暮东风怨啼鸟，落花犹似坠楼人"（杜牧：金谷园）。

从以上诗句的描述可见，人们对景观园林意境的感受多数是由心理感受而引发的，由

景及物、由物及人、由人及情，欣赏者的心理感受多是以个人为主体，相对于设计者而言，应注意景园环境中心理的设计与定位，以便引发欣赏者的"意境"感受。可以说，意境的产生，应由景园提供一个心理环境、刺激主体产生自我观照、自我肯定的愿望，并在审美过程中完成这一愿望，表现在实际中，对意境的感知是直觉的、瞬间产生的"灵感"。所以，景观园林艺术中意境的创造，应尊重欣赏者的心理变化，而不单单是设计师的构思与想象。

下面以景观园林中植物景观设计为例，从环境心理学角度分析怎样的植物景观设计是令人满意的，从人的心理需求而言有如下特点。

（一）安全性

在个人化的空间环境中，人需要能够占有和控制一定的空间领域。心理学家认为，领域不仅可以提供相对的安全感与便于沟通的信息，还表明了占有者的身份与对所占领域的权利象征。故领域性作为环境空间的属性之一，古已有之，无处不在。园林植物配置设计应该尊重人的这种个人空间，使人获得稳定感和安全感。如古人在家中围墙的内侧常常种植芭蕉，芭蕉无明显主干，树形舒展柔软，人不易攀爬上去，种在围墙边上，既增加了围墙的厚实感，又可防止小偷爬墙而入；又如私人庭院里常见的绿色屏障，既起到与其他庭院的分割作用，对于家庭成员来说又起到暗示安全感的作用，通过绿色屏障实现了家庭各自区域的空间限制，从而使人获得了相关的领域性。

（二）实用性

古代的庭院最初就是经济实用的果树园、草药园或菜圃。甚至在现今的许多私人庭园或别墅花园中仍可以看到硕果满园的风光，或者是有着田园气息的菜畦，更有懂得精致生活的人，自己动手园艺操作，在家中的小花园里种上芳香保健的草木花卉。其实无论是在家中庭园还是外面的绿地，每一种绿地类型的植物功能都应该是多样化的，不仅有针对游赏、娱乐为目的的，而且还应有供游人使用、参与以及生产防护功能的，使人获得满足感和充实感。冠荫树下的树坛增加了座凳就能让人多一些休息的场所；草坪开放就可让人进入活动；设计花园和园艺设施，游人就可以动手参与园艺活动；用灌木作为绿篱有多种功能，既可把大场地细分为小功能区和空间，又能挡风和降低噪声，隐藏不雅的景致，形成视觉控制，同时用低矮的观赏灌木，人们可以接近欣赏它们的形态、花、叶、果。

（三）宜人性

在现代社会里，植物景观仅仅只局限于经济实用功能还是不够的，它还必须是美的，动人的，令人愉悦的，必须满足人的审美需求以及人们对美好事物热爱的心理需求。单株植物有它的形体美、色彩美、质地美、季相变化美等；丛植、群植的植物通过形状、线条、色彩、质地等要素的组合以及合理的尺度，加上不同绿地的背景元素（铺地、地形、建筑物、小品等）的搭配，既可美化环境，为景观设计增色，又能让人在无意识的审美感觉中调节情绪，陶冶情操。反之，抓住这些微妙的心理审美过程，又会对于怎样创造一个符合人内在需求的环境起到十分重要的作用。

（四）私密性

私密性可以理解为个人对空间可接近程度的选择性控制。人对私密空间的选择可以表现为一个人独处，希望按照自己的愿望支配自己的环境，或几个人亲密相处不愿受他人干扰，或者反映个人在人群中不求闻达、隐姓埋名的倾向。在竞争激烈、匆匆忙忙的社会环境中，特别是在繁华的城市中，人类极其向往拥有一块远离喧嚣的清静之地。这种要求在家庭的庭院、花园里容易得到满足，而在大自然的绿地中也可以通过植物设计来达到要求。植物设计是创造私密性空间的最好的自然要素，设计师考虑人对私密性的需要，并不一定就是设计一个完全闭合的空间，但在空间属性上要对空间有较为完整和明确的限定。一些布局合理的绿色屏障或是分散排列的树就可以提供私密空间，在植物营造的静谧空间中，人们可以读书、静坐、交谈、私语。

（五）公共性

正如人类需要私密空间一样，有时人类也需要自由开阔的公共空间。环境心理学家曾提出社会向心与社会离心的空间概念，园林绿地也可分绿地向心空间和绿地离心空间。前者如城市广场、公园、居住区中心绿地等，广场上要设置冠荫树，公园草坪要尽量开放，草坪不能一览无余，要有遮阳避雨的地方，居住区绿地中的植物品种要尽量选择观赏价值较高的观叶、观花、观果植物等。这些设计思路都是倾向于可以使人相对聚集，促进人与人之间相互交往，并进而去寻求更丰富的信息。

在园林绿地中，私密空间和公共空间的界定也是一个相对的概念。绿地离心空间如一些专类附属绿地：医院绿地、图书馆绿地、车站广场绿地等，这些绿地的植物配置就要体现简洁、沉稳的特征，在性格上倾向于互相分离、较少或不进行交往的特点。在这样的绿地中，人们总是希望减少环境的刺激，保护"个人空间"及"人际距离"的不受侵犯。因此，在对植物景观设计的过程中应该要充分考虑到这些空间属性与人的关系，从而使人与环境达到最佳的互适状态。比如：在车站的出入口和广场上可以利用标志性的植物景观，加强标志和导向的功能，使人产生明确的场所归属感；在医院可以利用植物对不同病区进行隔离，并利用植物的季相变化和色彩特征来营造不同类型的休息区。

在许多古典景观园林当中，意境的体现与发掘并非是以设计师当时的设想而建造，而往往是后人游居其中有感而发所致，这也是今天设计师在追求和创造景观园林意境时应注意的一个问题。

三、景观园林的基本艺术特征表现

（一）动态之美

中国古代工匠喜欢把生气勃勃的动物形象用到艺术上去。这比起希腊来，就很不同。希腊建筑上的雕刻，多半是用植物叶子构成花纹图案。中国古代雕刻却用龙、虎、鸟、蛇这一类生动的动物形象，至于植物花纹，要到唐代以后才逐渐兴盛起来。在汉代，不但舞蹈、杂技等艺术十分发达，就是绘画、雕刻，也无一不呈现出一种飞舞的动态。图案画常常用云彩、雷纹和翻腾的龙构成，雕刻也常常是雄壮的动物，还要加上两个能飞的翅膀。据《文选》中有一些描写当时建筑的文章，可见当时城市宫殿建筑的华丽，看来似乎只是夸张，只是幻想。其实不然。我们现在从地下坟墓中发掘出来实物材料，那些颜色华美的古代建筑的点缀品，说明《文选》中的那些描写，是有现实根据的，离开现实并不是那么远的。根据《诗经》的记载，周宣王时的建筑已经像一只野鸡伸翅在飞（《斯干》），可见中国的建筑很早就趋向于和自然和谐的动态之美了，也充分反映了汉民族在当时前进的活力。这种动态之美，已成为中国古代建筑艺术的一个重要特点。

（二）空间之美

建筑和园林的艺术处理，是处理空间的艺术。老子就曾说："凿户牖以为室，当其无，有室之用。"室之用是指利用室中之"无"，即空间。从上面的介绍可知，中国古代景观园林是很发达的，如北京故宫三大殿的旁边，就有三海，郊外还有圆明园、颐和园等等，这是皇家园林。即便是普通的民居一般也有天井、院子，这也可以算作是一种小小的园林。例如，郑板桥这样描写一个院落："十笏茅斋，一方天井，修竹数竿，石笋数尺，基地无多，其费亦无多也。而风中雨中有声，日中月中有影，诗中酒中有情，闲中闷中有伴，非唯我爱竹石，即竹石亦爱我也。彼千金万金造园亭，或游宦四方，终其身不能归享。而吾辈欲游名山大川，又一时不得即往，何如一室小景，有情有味，历久弥新乎？对此画，构此境，何难敛之则退藏于密，亦复放之可弥六合也。"（《板桥题画竹石》）我们可以看到，这个小天井，给了郑板桥这位画家多少丰富的感受，空间随着心中意境可敛可放，是流动变化的，是虚幽而丰富的。

宋代的郭熙论山水画时说，"山水有可行者，有可望者，有可游者，有可居者。"（《林泉高致》）可行、可望、可游、可居，这也是传统景园林艺术的基本理念和要求，园林中的建筑，要满足居住的要求，使人获得休息，但它不只是为了居住，它还必须可游，可行，可望。"望"是视觉传达的需要，一切美术都是"望"，都是欣赏。不但"游"可以发生"望"的作用（颐和园的长廊不但引导我们"游"，而且引导我们"望"），就是"住"，也同样要"望"气窗子并不单为了透空气，也是为了能够望出去，望到一个新的境界，使我们获得美的感受。窗子在园林建筑艺术中起着很重要的作用。有了窗子，内外就能够发生交流。窗外的竹子或青山，经过窗子的框框望去，就是一幅画。

颐和园乐寿堂差不多四边都是窗子，周围粉墙列着许多小窗，面向湖景，每个窗子都等于一幅小画（李渔所谓"尺幅窗，无心画"）。而且同一个窗子，从不同的角度看出去，景色都不相同。这样，画的境界就无限地增多了。不但走廊、窗子，而且一切楼、台、亭、阁，都是为了"望"，都是为了得到和丰富对于空间的美的感受。颐和园有个匾额，叫"山色湖光共一楼"。这是说，这个楼把一个大空间的景致都吸收进来了。左思《三都赋》："八极可位于寸眸，万物可齐于一朝。"苏轼诗："赖有高楼能聚远，一时收拾与闲人。"就是这个意思。颐和园还有个亭子叫"画中游"。"画中游"，并不是说这亭子本身就是画，而是说，这亭子外面的大空间好像一幅大画，你进了这亭子，也就进入到这幅大画之中。所以明人计成在《园冶》中说："轩楹高爽，窗户邻虚，纳千顷之汪洋，收四时之烂漫。"这里表现着美感的民族特点。古希腊人对于庙宇四围的自然风景似乎还没有发现，他们多半把建筑本身孤立起来欣赏。古代中国人就不同，他们总要通过建筑物，通过门窗，接触外面的大自然。"窗含西岭千秋雪，门泊东吴万里船。"（杜甫）诗人从一个小房间通到千秋之雪、万里之船，也就是从一门一窗体会到无限的空间、时间。像"山川俯绣户，日月近雕梁"。（杜甫）"檐飞宛溪水，窗落敬亭云。"（李白）都是小中见大，从小空间进到大空间，丰富了美的感受。外国的教堂无论多么雄伟，也总是有局限的。但我们看天坛的那个祭天的台，这个台面对着的不是屋顶，而是一片虚空的天穹，也就是以整个宇宙作为自己的庙宇。这和西方是不同的。明代人有一小诗，可以帮助我们进一步了解窗子的美感作用："一琴几上闲，数竹窗外碧。帘户寂无人，春风自吹入。"

为了丰富对于空间的美感，在园林建筑中就要采用种种手法来布置空间、组织空间、创造空间，例如借景、分景、隔景等。其中，借景又有远借、邻借、仰借、俯借、镜借等。总之，是为了丰富对景。

玉泉山的塔，好像是颐和园的一部分，这是"借景"。苏州留园的冠云楼可以远借虎丘山景，拙政园在靠墙处堆一假山，上建"两宜亭"，把隔墙的景色尽收眼底，突破围墙的局限，这也是"借景气颐和园的长廊，把一片风景隔成两个，一边是近于自然的广大湖山，一边是近于人工的楼台亭阁，游人可以两边眺望，丰富了美的印象，这是"分景"。《红楼梦》小说里大观园运用园门、假山、墙垣等，造成园中的曲折多变，境界的层层深入，像音乐中不同的音符一样，使游人产生不同的情调，这也是"分景"。颐和园中的谐趣园，自成院落，另辟一个空间，另是一种趣味，这种大园林中的小园林，叫作"隔景"。对着窗子挂一面大镜，把窗外大空间的景致照入镜中，成为一幅发光的"油画"，"隔窗云雾生衣上，卷幔山泉人镜中"（王维诗句）。"帆影都从窗隙过，溪光合向镜中看"（叶令仪诗句），这就是所谓"镜借"了。"镜借"是凭镜借景，使景映镜中，化实为虚（苏州怡园的面壁亭处境偏仄，乃悬一大镜，把对面假山和螺髻亭收入境内，扩大了境界），园中凿池映景，亦此意。青岛迎宾馆的敞廊，也是为了充分借用外部的美景。无论是借景、对景，还是隔景、分景，都是通过布置空间、组织空间、创造空间、扩大空间的种种手法，来丰富美的感受，创造艺术意境。中国园林艺术在这方面有特殊的表现，它是理解中华民族的美感特点的一项重要的领域。概括来说，当如沈复所说的："大中见小，小中见大，虚中有实，实中有虚，或藏或露，或浅或深，不仅在周回曲折四字也。"（《浮生六记》）这也是中国除景观园林建筑之外一般艺术的特征。

（三）景观园林艺术的造型规律

景观园林艺术总的来讲属于造型艺术的范畴，日本的高原荣重认为"园林是造型艺术中的形象艺术"。所以，景观园林艺术在造型上也符合一般的造型规律。

1. 多样统一律

这是形式美的基本法则。体现在景观园林艺术中有形体组合、风格与流派、图形与线条、动态与静态、形式与内容、材料与肌理、尺度与比例、局部与整体等的变化与统一。

2. 整齐一律

景观园林中为取得庄重、威严、力量与秩序感、有时采用行道树、绿篱、廊柱等来体现。

3. 参差律

与整齐一律相对，有变化才丰富，有章法与变化才有艺术性，景观园林中通过景物的高低、起伏、大小、前后、远近、疏密、开合、浓淡、明暗、冷暖、轻重、强弱等变化来取得景物的这一变化。

4. 均衡律

景观园林艺术中在空间关系上存在动态均衡和静态均衡两种形式。

5. 对比律

通过形式和内容的对比关系可以突出主题，强化艺术感染力。景园艺术在有限的空间内要创造出鲜明的视觉艺术效果，往往要运用形体、空间、数量、动静、主次、色彩、虚实、光彩、质地等对比手法。

6. 谐调律

协调与和谐是一切美学所具有的规律，景观园林中有相似协调，近似协调，整体与局部协调等多种形式。

7. 节奏与韵律

景观园林空间中常采用连续、渐变、突变、交错、旋转、自由等韵律及节奏来取得如诗如歌的艺术境界。

8. 比例与尺度

景观园林讲究"小中见大""形体相宜"等效果，也须符合造型中比例与尺度的规律。

9. 主从律

在景观园林组景中有主有次，空间才有秩序，主题才能突出，尤其是在大型的综合的多景区多景点景观园林处理中更应遵循这一艺术原则。

10. 整体律

设计中应保持景观园林形体、结构、构思与意境等多方面的完整性。

（四）景观园林艺术的法则

景观园林艺术是在人类追求美好生存环境与自然长期斗争中发展起来的。它涉及社会及人文传统、涉及绘画与文学艺术、涉及人的思想与心理，它在不同的时代和环境中最大限度地满足着人们对环境意象与志趣的追求。因而景观园林艺术在漫长的发展过程中形成了自己的艺术法则和指导思想，主要体现在以下几个方面。

1．造园之始、意在笔先

景观园林追求意境，以景来代诗，以诗意造景。为抒发人们内心情怀，在设计景观园林之前，就应先有立意，再行设计建造。不同的人、不同的时代，人们有不同的意境追求，反映了主人对人生、自然、社会等不同的定位与理解，体现了主人的审美情趣与艺术修养。从许多景观园林取名可见一斑，如"拙政园""怡园""寄畅园"等。

2．相地合宜、构图得体

《园冶》相地篇主张"涉门成趣""得影随形"，构园时水、陆的比例为："约十亩之地，须开池者三……余七分之地，为垒土者四……"，不能"非基地而强为其地"，否则只会"虽百般精巧，却终不相宜"。

3．巧于因借，因地制宜

中国古典景观园林的精华就是"因借"二字，因者，就地审视之意，借者，景不限内外，所谓"晴峦耸秀，绀宇凌空;极目所至，俗则屏之，嘉则收之，不分町疃，尽为烟景……"。通过因时、因地借景的做法，大大超越了有限的景观园林空间。

4．欲扬先抑、柳暗花明

这也是东西方景观园林艺术的区别之一。西方的几何式景观园林开朗明快、宽阔通达、一目了然，符合西方人的审美心理;而东方人因受孔子学说影响，崇尚"欲露先藏，欲扬先抑"及"山重水复疑无路，柳暗花明又一村"的效果，故而在景观园林艺术处理上讲究含蓄有致、曲径通幽、逐渐展示、引人入胜。

5．开合有致、步移景异

景观园林在空间上通过开合收放、疏密虚实的变化，给游人带来心理起伏的律动感，在序列中有宽窄、急缓、闭敞、明暗、远近的区别，在视点、视线、视距、视野、视角等方面反复变换，使游人有步移景异，渐入佳境之感。

6．小中见大，咫尺山林

前面提到景观园林因借的艺术手法，可扩大景观园林空间，可小中见大，则是调动内景诸要素之间的关系，通过对比、反衬，造成错觉和联想，合理利用比例和尺度等形式法则，以达到扩大有限空间、形成咫尺山林的效果。正如《园冶》所述，园林应"纳千顷之汪洋，收四时之烂漫"，"蹊径盘且长，峰峦秀而古，多方景胜，咫尺山林……"。

7．文景相依，诗情画意

中国传统景观园林的艺术性还体现在其与文字诗画的有机结合上，"文因景成、景借文传"，只有文、景相依，景园才有生机，才能充满诗情画意。中国景观园林中题名、匾额、楹联随处可见，而以诗、史、文、曲咏景者则数不胜数。

8．虽由人作，宛自天开

中国景观园林因借自然、堆山理水，可谓顺天然之理，应自然之规，仿效自然的功力称得上"巧夺天工",正如《园冶》中所述:"峭壁贵于直立;悬崖使其后坚。岩、峦、洞穴之莫穷,涧、壑、坡、矶之俨是;信足疑无别境,举头自有深情。"另有"欲知堆土之奥妙,还拟理石之精微。山林意味深求,花才情缘易逗。有真有假,做假成真……"古人正是在研究自然之美时,探索了这一自然规律之后才悟出景观园林艺术的真谛,这是中国古典景观园林最重要的艺术法则与特征。

第五章 建筑设计与景观艺术的统一性

第一节 城市建筑设计和景观艺术的重要性

一、城市建筑设计的作用

21世纪，是一个城市扩展的世纪，城市是由无数的建筑物、道路、公园、广场、河流山脉、和其他多因素组成的群体。建筑设计是在城市规划的前提下，根据建设任务的要求，建筑和工程条件的总体设想，通过满足城市规划的条件来实现城市的基本要求。然而建筑作为城市的主要组成部分，以反映这个城市的性格和风格的主要载体，它除了满足城市的基本要求，还承担着城市的任务，体现了一种深刻的认识。

建筑设计它是科学和艺术、逻辑思维和形象思维相结合的多学科创造性的工作。从设计的方法而言，它有别于一般的工程设计，其主要原因是建筑与一般工程物的建造目的不全相同。建筑首先是满足安全的目的，其次，它也应该建立一种文化价值。建筑的价值包含的应用价值、经济价值和文化价值的总和。所以说：建筑设计＝外界环境约束＋功能＋形式＋经济。建筑一直都被认为是城市构成结构的主体，因为建筑不单单只是人在城市活动的主要场所在的载体，而且还是城市视觉环境的重要组成部分。当代建筑不再仅仅是一个单一的建筑物本身的价值表现，专注于性能的建筑之间的关系，甚至重新组织建筑与周围空间以重构这种关系。基本的一点是，要服从城市形态建设，这意味着设计的建设应与城市环境联系起来在城市公共空间和城市形象构成中起到一定的作用。尽管构成城市物质实体结构有路等城市公共设施、树木植被等主要元素的系统。

城市建筑的设计是城市可持续发展的基础，它在规范和指导城市建设中具有重要的作用，并可以合理利用城市土地，协调城市空间布局和建设、发挥城市整体优化功能和效益的使命。城市规划管理实际上就是从城市的基本利益出发，代表城市的建筑设计项目的根本利益出发，代表城市对项目的建筑设计提出要求。城市功能是各种功能相互联系的有机整体互动，而不是各种功能的简单相加。各种城市功能，城市作为一个整体的功能的一部分，按照整个城市的功能的目的发挥各自的作用。

二、城市量观建筑的艺术设计

目前我国的景观设计艺术仍然处于探索阶段，景观设计艺术的基本理论和艺术设计系统的范围不明确，艺术设计过程中的决策过程也缺乏透明度。有时城市环境艺术设计过分依赖于传统的文化，景观艺术设计建筑学的实践主体还没有形成清晰的概念。这就需要我们从城市景观的多样性和景观艺术设计系统设计的角度去理解这些问题。

环境艺术设计在城市景观设计和传统艺术两个方面的表现形式中有所差别。空间环境艺术设计与室内设计的初衷都是改良建筑内部和外部的居住环境，这也是景观设计的核心内容，通过艺术加工形成了独特的环境空间。设计师所打造的环境整体造型设计与景观艺术也偏向于强调复合环境、多层空间，具体表现为多个系统的设计与组合的效果。

20 世纪 90 年代以来，我国大部分城市都进入了快速发展的轨道，城市风貌和文化都有明显的变化，其中也包括城市的政治、经济、宗教和民俗历史等。设计师常常将这些内容加入城市的建筑环境艺术设计之中，它们可以成为这座城市的标志和特征记忆。在某种意义上，城市的环境就是由河流、湖泊、街道、广场和公园等部分组成，通过设计师构建成的整体环境。许多城市能够给人们留下深刻的印象，不仅是因为有许多漂亮的建筑，更重要的是其城市环境设计有很多独特的内涵。城市的建筑环境艺术是一种沟通人、社会与自然的艺术，在建筑艺术中渗透人文关怀可以使城市的环境充满活力。进行直接的视觉环境设计可以使城市具有更加鲜明的形象，这是以城市的图像元素为主要内容的艺术设计，同时也是将传统的建筑艺术设计理论与现代美学相结合的设计方式，这种艺术设计形式早在 20 世纪初就有非常广的应用范围。现代建筑艺术设计更加注重生活在其中的主体对周围环境的感知和审美规律，通过城市环境的视觉组合为人们带来审美体验。

现代城市的社会意识形态由于历史的影响往往千差万别，不同地区居民的生活方式具有多样性和复杂性，他们对于城市建筑艺术的审美也是各不相同的。这就要求设计者在进行城市建筑艺术设计的过程中要特别注意不同人群对美感的评估，考虑到城市环境的不同设计会影响人们的审美感受，以此为基础来创造城市景观的独特艺术形象。所以，城市的形象不仅要充分体现常规的审美体验，同时也要体现充满人文特色的内涵，和谐的环境和城市整体空间协调有序的设计体现了与众不同的艺术美学。我们应该感激城市的民族文化内涵，这是城市环境艺术最具特色的部分，这些民族文化也是每个城市区别于其他城市的独特社会文化背景。在城市环境设计的过程要更加突出反映城市的民族文化内涵，城市建筑的设计要特别注重地区民族文化的传承，丰富城市的文化意义，这也体现出环境艺术设计要围绕人们生活的设计理念。

三、城市建筑设计与景观艺术的融合

一座城市的美感，体现在城市建设的每一个环节中城市的独特韵味以及文化气质是城市美感的重要组成部分，而标致性的城市建筑、美化城市环境的园林景观也是必不可少的城市构成。要想使一座城市极具美感，就必须要从城市的设施设置、建筑建设以及城市的文化氛围等方面入手，不断推进现代化城市的建设。

就当前我国的城市大体规划方向而言，建筑设计和景观艺术的统一是城市化建设的主要内容，在符合大众需求的同时也是和国家提倡的环保建筑理念相统一的。随着现代化城市建设进行的不断加快以及经济建设的不断发展、城市人口的不断增多，我国的城市建设实际上也面临着巨大的压力。由于建筑的不断修建、土地的不断占用，人们的生活空间也变得日益狭小，城市的快节奏生活、工作的繁重等都会给城市居住者带来身心上的疲惫和压力。面对这一现象，城市建筑设计和景观设计将会是城市化建设发展的必然趋势。将自然生态的理念融入到现代化城市的建设中，能够从心理上满足居住者的需求，舒适的生活环境能够缓解城市压力和身心的疲惫，从而促进城市健康发展。

建筑和景观就好比城市中的舞台和舞台中的主角，它们互相依存、互相包含。建筑要和景观相和谐，但不是一味地模仿；景观需要建筑的点睛，但不是一味地放纵。建筑与景观应该互相作用、互相参照、互相影响、互相协调，以形成建筑群组、建筑单体与景观、环境的共生和融合。我们在设计城市建筑与景观时，应该树立正确的意识，整体的设计思想，结合自然环境、建筑环境、历史文化，恰当地处理好建筑与景观的关系，消除景观设计、建筑设计之间的人为界限，做到建筑与景观的有机融合。

第二节　我国建筑设计与景观艺术相统一的现状

随着我国经济的飞速发展，人们的生活水平不断提高，对生活环境，尤其是人们生活、学习、工作都离不开的建筑外部环境，也提出了更高的要求。以往整日面对钢筋、水泥的城市居民对这样的生活早已厌倦，人们渴望得到的是大自然的绿色。然而，日益加剧的环境污染，使他们这样的愿望遥不可及。近几年来，我国房地产商针对客户回归自然的这一心理，开始加强建筑外部环境的宣传，实现建筑与景观的统一。毫无疑问，"景观住宅""花园小区"等建筑与景观地结合在我国各地大受欢迎。显而易见。当代人在选择住宅时不仅关注建筑的结构和功能，更加关注所处社区环境，人们渴望得到的是建筑与景观的统一体。

随着人们对景观的向往和追求，景观设计学在国内应运而生并得到不断的发展和完善。设计师们已经意识到仅仅是完美的城市规划和建筑设计已不能满当代人的需求，只有将城市规划、建筑设计与景观设紧密联系在一起才能迎合时代的发展。城市规划、建筑设计与景观设计三者是相互影响相互作用的，然而随着环境污染的日益加剧，景观设计占据了越来越重要的位置，不容忽视。只有将景观设计融入城市规划与建筑设计中去，才是最有效最完美的设计方案为了使建筑与景观相统一、相呼应。景观建筑学作为一门独立学科广泛应用于景观规划与设计。它将景观规划与设计与城市规划、建筑设计、建筑学及景观园林相融合，从而达到使建筑与景观相统一，相呼应的目的，同时提高了建筑使用的舒适性及整体的艺术性。它以城市规划与建筑设计为出发点，以人与自然的生态系统为服务对象，关注人的使用，强调人与自然的长期和谐关系及可持续发展，是广义的建筑学。

在景观建筑学作为指导的基础上，形成了将规划、建筑、景观园林三者融为一体的设计理念。然而由于现代景观建筑学涉及专业面广（包括城市规划，建筑设计及景观园林三大方面）任何个人都不可能做到全面覆盖，重此失彼的现象不可避免。当今建筑界，设计师们通常将城市规划及建筑设计作为主线，而将景观设计作为一种补充和陪衬。就我国而言，设计的基本流程如下：首先由规划师规划场地，确定建筑（群）位置及整体布置，然后由建筑设计师对建筑（群）进行具体设计，待一切完成之后才由景观设计师进行绿化设计。然而此时，道路、建筑都已规划完毕，剩下的景观设计空间极为有限，因而只能由园林绿化师见缝插针，简单地种些花草树木了事。正是由于对景观设计的不重视，使得我国城市景观设计发展缓慢，毫无特色，千篇一律，与城市规划与建筑设计严重脱节，对于保护生态环境、实现可持续发展作用甚微。

建筑中融入景观设计要实现建筑景观的统一，必须使建筑设计与景观设计紧密结合。景观设计是进行微观的景观空间设计，而建筑设计是进行具体的建筑单体设计，两者相互影响，相互作用，密不可分。然而在当今的设计中，很大一部分将建筑设计与景观设计分开进行，甚至忽略景观设计的重要作用，将其作为建筑设计的陪衬，进行简单设计（例如种些花草、设计个喷泉，运来个雕塑等）。更有甚者是在建筑完成之后才开始景观设计，设计时不考虑规划布局仅追求表面效果，对交通、消防及停车等硬性技术指标也置之不理，从而最终将导致问题的出现。城市规划，建筑设计与景观设计三者是相互影响，相互作用，相互依存，密不可分的，任何一个步骤出现问题都会影响建筑的整体效果，使用性能以及人与自然地长期和谐发展。一方面，建筑不可能游离于外部环境而存在，它必须依附于外部空间来体现它存在的意义；另一方面，建筑所具有的个性及特征不仅要通过建筑本身来表达，更要通过周围环境来反映。加之，景观设计并不像我们通常所说的那么简单，它不仅起到装饰的目的，更重要的是体现当今时代的思想及精神文化，要达到这一目的，必须使景观设计与建筑设计相统一，利用建筑赋予景观内涵及思想，使精神文化得到淋漓尽致地表达。总之，景观空间与建筑空间的结合不仅使建筑空间得到完善和扩展，微观空间也得到了丰富和延伸，使得建筑更具整体性和舒适性。

实现建筑和景观设计的可持续性和生态性可持续性和生态性是当今社会发展的主题，是设计的中心原则，因而在进行建筑和景观设计时必须结合自然，尊重自然。要做到结合自然，尊重自然首先必须尊重景观的地域性，尊重当地的自然文化遗产及格局，最大程度地顺应自然，尽量依照生态原则进行设计；最大程度地利用当地可再生的自然元素和材料，尽量发挥其实用及审美功能；最大程度地保留当地自然及文化遗产，尽量避免破坏；最大程度地领用当地自然水，尽量避免依靠人工水；最大限度地让自然做工，尽量减少人工成本的投入；最大程度的延长可持续运转周期，尽量实现可持续生长。最大程度地体现建筑和景观设计的生态之美，亦即自然的野趣之美，避免一味地追求表面富丽堂皇的效果，而是将更好地与自然生态系统融合作为至高的追求之一，并将在生态价值观与生态美学引领下走向形式、功能与思想内涵的更高层次的统一。

　　总之，结合自然，尊重自然，实现建筑和景观设计的可持续性和生态性，是设计的原则和目标。节约用水用地、新的可再生能源的运用、恢复和保护本地特有的生态系统的完整性与多样性等将会成为新的设计趋势。建筑和景观的统一设计理念——以人为本是当今世界所有的建筑和景观设计师在进行设计时都有遵从以人为本的设计理念，它体现了尊重自然发展规律与尊重人民历史主体地位的一致性，它关系到我们生存环境的真正归属问题。随着景观事业在我国的蓬勃发展，以人为本的设计理念不容忽视，必须将以人为本的理念融入设计当中去而不能仅仅作为一种口号。在今后的设计历程中，我们必须充分考虑人与自然的长期和谐发展。景观建筑学关注的对象是整体人类生态系统，既强调人类的发展又关注自然资源及环境的可持续性，景观建筑师的最终目标与服务对象是人与自然，规划设计应理解自然、理解人与自然的相互关系、尊重自然与人文的过程、保护自然与人文系统、协调好人与自然的利益，使二者达到最佳的平衡。所谓在建筑和景观设计时贯彻"以人为本"的设计理念，就是要求我们保护好大自然环境，给人类以可持续发展的生态人居环境，而不是强调人类对自然生态、自然资源的过分开发与占有；强调城市规划建筑学与生态学的结合，以自然、人文的可持续发展来理解"以人为本"的理念；在具体设计中能更深层次地体现对人多方面的、多方位的关怀，这才是以人为本的设计观。

第三节　建筑设计和景观艺术相统一的策略

　　在远古社会，自然景观一直保持着原生态的格局，基本上没有遭到破坏。之后人类为了生存发展和提高生活水平、不断进行了一系列不同规模不同类型的活动，包括农、林、牧、副、渔、工商、交通、观光和各种工商建设等等。地球上就渐渐形成了不同区域、不同风格的景观格局。但是继工业革命爆发之后、各种各样的工厂拔地而起。生产力的发展、生产工具的改进在某种程度上大大地提高了人们的生活质量。然而工业革命造成的弊端也是不可否认的、城镇化的速度越来越快，高楼大厦逐渐代替草地，森林拔地而起。此外，对于一些工业废弃地、之前被用作工业生产现在被搁置，这种现象不仅浪费了土地，而且对于生态环境也产生了破坏。由于工业基地及其周边环境是一个完整的生态系统、生产活动势必会影响到区域生态格局与各种生态过程、如水的过程、物种迁徙的过程、并且造成污染扩散。工业废弃地的景观表现出比工业生产前更大的异质性。大量的工业生产活动、如采矿、炼油、化工、炼钢等大型生产对本地的土壤、植被、地形等原生生态特征改变极为剧烈，甚至完全改变及破坏。因此人们更倾向于郊区、乡村。

近几年来，我国的城市化进程不断地加快，到目前为止，我国的城市化水平已经达到了 36%，根据世界城市化进程的标准，城市化的水平达到了 30% 以上，城市化进程就进入了快速发展的阶段。因此我国现在正在处于城市化快速发展的阶段，尤其是我国加入了国际世贸组织以后，我国的经济建设和人们的生活水平得到了前所未有的提高，所以更多城市和地区顺应这个历史发展的潮流，加快了城市化的发展，有更多的人涌进了城市，开始了新的生活、学习和工作，所以人们对于住房的需求也是不断地加大。因此在大都市里有更多的建筑物林立，并且随着城市化的进程不断的加快建筑物的建设数量也在不断地加快，并且城市的使用面积不断的减小，建筑物的密度不断地加大。街道上的车水马龙，拥堵现象十分的严重，随着人们在物质得到了充分的满足情况下，更多的是追求精神的享受，因此人们对于居住条件和环境的要求也不断地提高，但是就目前城市化的发展来看，城市建筑和景观存在严重不协调的情况，这显然是和人们要求的生活环境是相悖的，而且也严重的阻碍了城市建筑功能的发挥和城市建筑景观的价值，因此合理的设计建筑景观，突破建筑物的边界，在建筑景观一体化的指导下，使得城市建筑和景观更加的协调，更好地满足人们的居住和生活的需求。

一、调整建筑边界形态

建筑的功能是形成建筑边界的内因。因此，突破建筑边界要从功能出发，利用外部和内部的过渡，将建筑边界转换成可使用的场所，从而促成这一区域社会交往活动的发生。

具体的做法，可以从《交往与空间》这本书中得到启发。虽然该书主要是基于住宅案例的分析，然而盖尔在其中提出的柔性边界的概念和几点重要原则可供参考：其中包括室内的活动能自由地流动到室外，室外区域必须紧挨房间布置，入口的设计应在功能上和心理上方便人们通行，中间走廊、多余的门，尤其是室内外的高差都应避免，室内外应在同一水平面上，方便活动的内外流动。

在 A 办公园区项目中，如果按照建筑原有的做法，门口台阶便成了内外交流的阻碍。它使入口与建筑内部、建筑与内庭院、内庭院与外部环境之间人的活动和心理体验难以顺畅连通。因此，设计中将台阶整体外移至室外广场的边缘，在门口前留出短暂停留的空间。同时，两侧沿建筑增加平缓坡道，便于从主干道路直达建筑入口。这样，存在于建筑边界的阻碍就被消除了，人们可以很自然地进入室内，再进入庭院。这一区域经过调整，成为真正意义上的既内又外、既公共又私密的一体化环境空间。

另一方面，将广场边缘的台阶拆分成高差较小的平台，按 600 mm 高分成三段。从建筑内部到门口再到室外广场，空间得以自然延伸。同时，加强了建筑室内与内庭院的联系，尽可能地减少墙体的阻隔，内外无高差，硬质或半硬质铺装区域与外墙直接衔接。这样，建筑与景观边界的感觉被模糊，两者不再是非此即彼的对立关系，而是一种交织融合的共生关系。正是在这种模糊感和复杂性中，人们体验到了一种整体和谐的人性化环境空间。

二、建筑元素与景观元素相结合

建筑是一部用石头谱写出的壮丽史书，它延续了人类对历史的记忆。建筑是文化的物质载体，文化是建筑的灵魂，建筑是需要文化传承的，没有标识就没有了区分，这样的建筑是缺乏生命力的。中国建筑符号元素就是文化传承的载体，它们凝聚了大量的文化信息，传递着中国传统思想。中国古典建筑崇尚不经人工修饰的自然美，但又具有实在的人为设计，它不仅反映了我国建筑技术的发展过程，更映射了地方性的社会伦理、社会文化、观念形态以及民风民俗。总的来说，京剧脸谱、中国书法、中国红、佛道儒、松竹梅祥云图案、唐装、旗袍、寺院、瓷器等，这一系列可感知的艺术形式、中国古典文化、图案、建筑等中国传统元素是具有传承性、地域性和民族性的，是华夏传统文化的历史积淀，并蕴含着中国文化的精神与气质。这些建筑元素借助于推理和联想，从而勾起人们内心深处的中国传统文化情结。中国传统建筑元素作为一种观念形态，影响与制约着建筑的发展，建筑设计师可以从传统建筑原型中提取某种形态元素，直接应用于现代景观建筑设计，也可以将其加以整理和抽象、简化和升华、概括和提炼之后应用于现代景观建筑设计。使具备浓郁的中国传统文化色彩的建筑符号有效地传承于现代景观建筑，这才是现代景观建筑设计运用传统建筑符号的核心和精髓。

中国传统建筑外形上的特征最为显著，它们都具有屋顶、屋身和台基三个部分，各部外形和世界上其他建筑迥然不同，这种独有的建筑外形完全是由建筑物的功能和艺术高度结合而产生的。其外观特征主要表现在屋顶上，屋顶的形式不同，体现的建筑风格不同。屋顶在造型上各具特色：庑殿顶庄重而舒展；歇山顶华丽而雄飞；悬山顶素而轻快；硬山顶俨然而朴实；攒尖高而飞扬。

对于中国组群建筑整体形象的丰富性，屋顶起着非常重要的作用。它充分体现了中国建筑的艺术精神，成功地运用了中国美学"以少总多"的创作原则。在中国封建社会中，对于屋顶的形制及其装饰都有许多等级化的规定，明清时期尤为严格。屋顶的形式、高度，脊饰的形象、尺寸和数目，以及所用材料的颜色均须根据建筑的等级而定，不得僭越。重檐的建筑等级高于单檐建筑。中国传统建筑的宫殿、庙宇和民居建筑的坡屋顶造型都具有极强的艺术感染力和震撼力在中国古典建筑设计中，丰富多样、功能各异的建筑形态，被赋予丰富的思想内涵，为不同的环境地势地貌、不同的山水条件下的建筑营造良好的主题。传统的坡屋顶造型设计，会使庙宇、宫殿等宫建筑产生高崇、挺拔、雄浑、飞动和飘逸的独特韵律，也会使民居建筑产生亲切、自然和温馨的感觉。在景观建筑中的建筑小品如亭、廊，都是借鉴了中国传统建筑的精髓，对空间起点缀作用，既具有实用功能，又具有精神功能。中国的景观建筑是用造花园的方法来规划风景区和园林绿地的，而中国的风景区大多有亭、台、楼、榭点缀其中。

中华民族对自然界中的花草树木有着独特的理解和认识，对许多木材赋予特定的性格和象征意义。中国传统建筑是世界上唯一以大木结构为主的建筑体系，木结构的巧妙组合所显现的结构美和装饰美，成为中国传统建筑审美的重要标志。它和中国的建筑文化是不可分割的。其中可能有诸多偶然性原因，但也或有可探讨的必然性。

三、采用一体化细部设计

赛维在《建筑空间论》中指出："所有的空间只要视线被遮挡，不管是石砌墙还是成行的树木或护岸，都呈现出与建筑空间中所感到的同样的特征。因此，在建筑外环境中可以运用景观元素来构筑空间感，同时，采用一体化的细部设计，使建筑在景观中得以延伸。"当然，这种延伸必须以人在其中的活动方式为主导，正如有机建筑寻求创造一种不但自身美观，而且能表现居住在其中的人们有机的活动方式的空间。

在环境领域曾有这种说法，谁污染谁治理，杜绝先污染再治理的现象。这个在本研究中也是适用的，当然在建筑行业中不可避免地会出现一些不好的现象：一些建筑师等到建筑设计完成后，才会考虑景观设计的问题，实践证明这样"见缝插针"的滞后性行为是不可取的，是不符合时代发展要求的。所以，对设计师而言，应当具有全局性思维将建筑设计和景观设计齐手抓起。此外，无论是建筑设计或是景观设计，都是城市规划的一部分，因此二者不能脱离城市而存在。城市规划，建筑设计与景观设计三者是相互影响，相互作用，相互依存，密不可分的，三者之一出了问题都会影响全局。因此建筑设计不是单一的工程，它也是城市规划的一部分，所以理应要全局考虑。

可持续发展是一种注重长远发展的经济增长模式，最初于1972年提出，指既满足当代人的需求，又不损害后代人满足其需求的能力，是科学发展观的基本要求之一。建筑和景观设计作为城市规划的一部分，也应当遵循可持续发展的原则。本研究之前提到，工业革命对城市景观格局和生态环境都造成了很大程度的影响。一些被搁置的工业废弃地不仅浪费了土地资源，而且对于周边的水环境，土壤环境也产生一定的危害。可持续发展观要求人与自然和谐相处，尊重自然，将建筑融入自然，而不是本着改造自然的原则，设计师们应当更大程度上的保持原生态，减少人工生产的投入。可以从以下几个方面来实现：首先，增加诸如太阳能、风能、水能等清洁能源的应用，减少化石能源的应用。这样不仅缓解了我国能源紧张的危机，也减少了因化石能源燃烧产生的污染。此外，政府应当加大检查力度，对于违规的建筑企业应当严格处理，本着"谁污染谁治理"的原则，坚持可持续发展的理念，遏制不良风气的盛行。最后，对于设计师，企业等责任人更应该严于律己，将建筑事业绿色化、清洁化、实现景。

四、完善和强化建筑规划空间格局

现代城市规划学在其形成和发展过程中，先后吸收了经济学、社会学、地理学和生态学等方面的成果，并以传统的工程技术学科和建筑艺术理论为基础，不断选择、融合逐步形成了具有广阔理论基础和特点的综合性学科。

由于城市规划的目标明确，任务具体，所形成的理论和方法具有明显的实用性。在其发展过程中，根据不同时期城市发展的实际需要，从诸多相关学科中不断选取并进行实用化和现代化处理，实现了理论结合实际的过渡，并不断充实发展城市规划学的理论和方法，成为指导城市建设发展的实用技术学科。例如，经济学、社会学、地理学中关于城市化的理论，社会学中关于人口与劳动资源形成的学说、关于社会基础结构和居民生活方式的学说，经济地理学中关于生产和人口空间分布的学说，城市地理学中关于地域结构的学说、生态学中关于保护自然环境和创造人工环境以及人—技术—环境协调的思想等，都对充实、深化城市规划的理论基础做出了贡献。而现代工程技术诸学科的迅速发展，现代数学和计算技术的应用，为不断充实、发展、更新城市规划的理论和方法，开创了良好前景。现代城市规划学是在多种学科结合实践的过程中形成了具有特色的实用性很强的综合学科，在指导当代城市和空间发展中发挥着不可替代的作用。

按照西蒙兹（Simonds）的观点，人们规划的不是场所，不是空间，也不是内容，人们规划的是体验。因此，在设计中要将人的活动和体验作为衡量标准，将整体环境看作建筑与景观组合成的多维综合体，在其中建立空间体验和心理体验，以产生出令人难忘的场所特征和独特的场所感。在实践中常常是建筑规划设计基本完成后才开始景观设计，然而为了达到建筑景观一体化，面对现有的建筑规划形态，我们必须寻找一条实际可操作的途径。因此，首要的工作在于对各种既定条件的解析，看看是否有改善的机会，尤其是在建筑边界区域寻找突破的可能。

城市是人类聚集的一种形式，是人类社会发展的产物，它为聚集的人群提供了精神的、物质的各种必要的条件，不断满足居民的各种需要。使这一聚集形态形成一个能够维持持续的良好的运动状态的有机整体，称为规划结构的有机整体。城市的形态是城市内部因素的外在表象。由于城市受所处的地理的、历史的、社会的、经济和政治的不同因素的影响，城市这一有机整体的结构形态随着政治、经济、社会和技术诸因素的发展不断变化，城市即呈现出不同的形态和特征。在古代常以居民的社会地位划分居民的居住地域，并以道路甚至围墙隔离成坊里单位。商业活动单独设置形成市场，流动商贩补充日常的需要。随着社会经济发展，商业、手工业活动频繁，形成了沿街巷设店的格局。在当代，居民财产多少仍然成为许多资本主义城市规划结构的重要特征。社会物质文化生活体系和科学技术要求也在不断变化，形成了多种多样的城市布局结构和地域景观。在错综复杂的社会生产和生活中，仍然可以发现城市不同功能地域结构呈现的规律性，例如城市居民都需要有一个安静、舒适和方便的生活环境和工作环境，需要左邻右舍和谐相处的人际关系。这种聚集生活中的理想境界，一直成为社会学者、城市规划学者和环境生态学者以及城市管理部门进行理论研究和建设实践的目标。他们在总结分析城市地域结构的基础上，提出了城市规划结构有机整体的概念，认为一个有机整体的城市是根据不同的自然和社会的情况由多层次的有机单元所组成，每一层次的有机单元又有相应的中心和分中心，以满足人类生活上各种生态组织的需要。

五、要树立以人为本的建筑和景观统一设计理念

以人为本是科学发展观的核心。中央电视台曾经播放过这样一个采访节目"你幸福吗"。在战争年代，或许每天可以健康地活着就是幸福了；在20世纪80年代，或许解决温饱问题人们便会觉得幸福了；而在现代化的今天，物质生活已不再是评判幸福的唯一标准，人们更多的是追求精神层面的东西，健康舒适、养生在人们的生活中也占据很大的比重。同样，建筑与景观统一也应当坚持以人为本的设计理念，在将绿色景观融入建筑当中的同时，设计师们可以增设一些诸如针对儿童的游乐设施，针对老年人的健身设备，针对青年人的娱乐设备。这样人们就可以在紧张的生活节奏中放松身心，毫无疑问这是个不错的选择。设计师们还应当多采取居民的意见将建筑设计和人们的舒适生活结合起来。当然我们应当正确理解以人为本的科学内涵，以人为本意味着人类是至高无上的吗？意味着人类可以跃居自然而存在吗？意味着人们可以肆无忌惮的改造自然吗？答案是否定的。人类在大自然面前是很渺小的，人类只是大自然的一员，建筑和景观设计师们应当尊重当地原有的风俗民情，在保护文明古迹的基础上对城市实施改造。所以我们有义务和责任尊重自然，善待自然回报自然，实现人类与自然的和谐相处。

设计是伴随着人类的出现而产生、发展和变化的，它是在特定的环境下，人们为了满足某种需求对设计对象所做的有目的、有意识和有创造性的活动。以人为本就是以人性的需求为衡量一切外部事物的基本标准就是注重人性，人格和能力的完善和全面发展。任何实际都是为了满足人们的某种需要进行的创造性活动，以人为本的设计理念就应不断为人们创造舒适，优美的生活环境。这里所谓的舒适，主要是指设计的功能性体现，直观的解释，舒适就是让人感到使用起来舒适、适用。例如，有些住宅设计片面、过分强调所谓的外观新颖，只追求外观怪异，内部结构复杂，全然不管采光、通风、使用空间的利用、舒适。所谓的优美，主要是指设计对人在精神层面上关怀，主要表现为设计的文化内涵。当人们的生活达到一定的层次之后，必然产生对设计的精神文化需求，设计有了生命，设计作品才能与使用者交流、互动。"以人为本"反映在城市的发展建设中必然是以城市中广大市民的根本利益为本，不能充分认识到规划是为了生活在物质环境中的人，而不是物质环境本身，不能很好地将物质建设规划、物质环境改善与城市经济社会的发展以及市民生活质量的提高结合起来。现在许多大城市，机动车数量迅速增加，机动车道路所占的面积越来越大，甚至将自行车道挤压到人行道，人行道空间越来越窄；有的城市街道景观和设施建设多考虑行车方便，汽车好像是道路的主人，行人要战战兢兢、气喘吁吁地小跑着过马路。而对于医院的建设，更是突出体现"以人为本"的主体思想和设计理念。社会经济与现代医疗技术的迅速发展，促使各医疗卫生机构除了不断提高医疗技术，改善医疗设施，美化环境，以满足人们更高层次的健康需求和体现更多人文关怀，处处以病人为中心，一

切为病人服务。当代人以眼前利益为本，不能正确处理城市经济发展与可持续发展目标之间的矛盾，城市开发建设盲目地服从于经济增长的需要，急功近利，不惜以破坏生态环境和子孙后代的根本利益为代价来进行城市扩张。

"以人为本"就是对人的全方位关怀，关注市民生活质量的提高。在城市发展建设过程中要做到真正体现"以人为本"，就必须要在着力满足人的需求上下功夫，仔细研究人的不同层次需要，尊重、体谅与关怀人的各种需要，不仅要保证人的基本物质需要的满足，如拥有安全的住房、清洁的水源、有必要的交通工具和公共设施、有健康的生活环境等，还要在此基础上，进一步提高和改善生活质量，不断满足市民过舒适和美好生活的需求，满足市民的精神和文化需求。

第六章 景观园林建筑设计方法与技巧

任何一种建筑设计都是为了满足某种物质和精神的功能需要，采用一定的物质手段来组织特定的空间。建筑空间是建筑功能与工程技术和艺术技巧相结合的产物，都需要符合适用、坚固、经济、美观的原则。同时，在艺术构图技法上都要遵循统一与变化、对比与微差、节奏与韵律、均衡与稳定，比例与尺度等原则。所以，从这一层面上来讲，园林建筑遵循建筑设计的基本方法。

但是由于园林建筑在物质和精神功能方面的特点，及其用以围合空间的手段与要求，又使得它与其他建筑类型在处理上表现出许多不同之处。

第一，艺术性要求高。园林建筑具有较高的观赏价值并富于诗情画意。故，比一般建筑更为强调组景立意，尤其强调景观效果和艺术意境的创造，立意好坏对于整个设计成败至关重要。

第二，布局灵活性大。由于园林建筑受到休憩游乐生活多样性的影响，建筑类型多样化；加之处于真山真水的大自然环境中，布局灵活，所谓"构园无格"。与其他建筑类型相比更强调建筑选址与布局经营。

第三，时空性。为适应游客动中观景的需要，务求景色富于变化，做到步移景异。因此，推敲空间序列，空间处理与组织游览路线，增强园林建筑的游赏性，比其他类型建筑更为突出。

第四，环境协调性。园林建筑是园林与建筑的有机结合，园林建筑设计应有助于增添景色，并与园林环境协调。《园冶》"兴造论"中也说：园林建筑必须根据环境特点"随曲合方""巧而得体"，园林建筑的体量形式、材质与色彩等方面应与自然山石、水面、绿化结合，协调统一，并将筑山、理水、植物配置手段与建筑的营建密切配合，构成一定的景观效果。

以上四点是园林建筑与其他建筑类型不同的地方。故而，园林建筑除了要遵循建筑设计的基本方法外，在设计手法和技巧上更为强调立意、选址、布局、空间序列、造景等方法的运用。

第一节 景观园林建筑各组成部分的设计

园林中的园林建筑，往往是由多个建筑单体组合而成的建筑群体。就建筑单体设计而言，任何一幢建筑单体都是由三类空间组成：房间、交通联系空间及其他部分（露台、阳台、庭院）。

以展览馆为例，其中房间包括展览室、接待室、贮藏室、服务室、宿舍、会议室、办公室、厕所；交通联系空间包括门厅、休息敞厅、架空层；其他部分包括平台、庭院。

以餐厅接待室为例，其中房间包括餐室、厨房、贮藏室、接待室、服务间、备餐间；交通联系空间包括敞厅、廊子；其他部分包括阳台、露台、后院。

一幢建筑由各类空间构成，各类空间的功能要求和设计方法各不相同。显然，这是在建筑设计时需解决的首要问题。

一、房间的设计

（一）房间设计应考虑的因素

1. 使用要求

（1）使用性质指房间的使用功能，如满足就寝功能的卧室、就餐的餐厅、会客的起居室、食品加工的厨房、洗涤淋浴的卫生间等，不同性质的房间功能不同，家具设备布置亦不同，故房间的开间、进深大小亦各不相同。

（2）使用对象、使用方式、使用人数即使是相同性质的房间，由于使用对象、方式、人数不同，则房间的平面布局也不相同。例如同是满足就寝的功能，旅馆的客房、宿舍的寝室、住宅的卧室由于使用对象、方式、人数不同，所以房间的现状、大小、空间高低、内部布置亦不相同。

2. 基本家具、设备尺寸、活动空间

（1）人体尺度决定家具设备尺寸。在建筑设计中确定人们活动所需的空间尺度时，应照顾到男女不同人体身材的高矮的要求，对于不同情况可按以下三种人体尺度来考虑。

应按较高人体考虑的空间尺度，采用男子人体身高幅度的上限 1.74 m 考虑，另加鞋厚 20 mm。例如，楼梯顶高、栏杆高度、阁楼及地下室的净高、个别门洞的高度、淋浴喷头的高度、床的长度等；应按较低人体考虑的空间尺度，采用女子的人体平均身高 1.56 m 考虑，另加鞋厚 20 mm。譬如，楼梯踏步、碗柜、阁板、挂衣钩、操作台、案板以及其他空间设置物的高度；一般建筑内部使用空间的尺度应按我国成年人的平均身高——女子平均身高 1.58 m，男子平均身高 1.697 m 来考虑，另加鞋厚 20 mm。比如，在展览建筑中考虑的人的视线时、公共建筑中成组的人活动使用时以及普通桌椅的高度等。

（2）人体基本动作尺度人体活动所占用的空间尺度是确定建筑内部各种空间尺度的主要依据。

（3）房间的良好比例使用面积相同的房间，可以设计成不同的比例。但是，如果房间的长宽比大于2:1则显得过于狭长，使用也不方便。因此，除了库房、卫生间、设备用房等辅助用房外，一般房间的适宜比例为1:1～1:1.5。

3.人流路线和交通疏散

室内的人流路线主要联系门洞和家具设备。房间的开间、进深尺寸及门洞的位置，影响家具设备的布置。房间在设计时应仔细推敲，尽量减少交通面积，提高房间的使用效率。通常比例狭长的房间往往交通面积大，使用效率低。房间的出入口较多时，应注意将门洞尽量集中，减少交通面积，并留出完整的墙面以利于家具的布置。

4.自然采光要求

（1）采光形式决定采光效果窗的大小、位置、形式直接决定使用空间内的采光效果。采光形式有侧面采光、顶部采光和综合采光。就采光效果来看，竖向长窗容易使房间深度方向照度均匀；横向长窗容易使房间宽度方向照度均匀。为了使房间最深处有足够的照度，房间进深应小于或等于采光口上缘高度的二倍。

（2）采光口大小为满足使用上的采光要求，采光口大小应根据采光标准确定。实际工作中规定了不同类别房间的采光等级及相应的窗地面积比。窗地面积比指侧采光窗口的总透光面积与地板净面积之比值。

5.热工和通风要求

（1）热工要求由于室外气候因素（太阳辐射、空气温湿度、风、雨、雪等）以及使用空间内空气温湿度的双重作用，直接影响了建筑空间室内小气候。为保证室内空间正常的温湿度，满足人们的使用要求，寒冷地区建筑主要考虑冬季保暖，应采取保温措施，以减少热损失；炎热地区建筑则要防止夏季室内过热，必须采取隔热措施。

（2）通风要求除容纳大量人流或要求密闭使用的房间（如观演厅）及无法获得自然通风的房间（如不能开窗的卫生间）考虑机械通风外，其余房间应尽量争取自然通风，以节省能耗。可利用门窗组织自然通风。门窗的位置、高低、大小等不同，自然通风的效果差异很大。为取得良好的通风效果，在一个使用空间内，应在两个或两个以上的方向设置进出风口；使气流经过的路线尽可能长，影响范围尽可能大；应尽量减少涡流面积。当墙体一侧临走道、不便开窗时，可增设高窗。厨房等热加工间可增设排气天窗、抽风罩来改善通风换气效果。

6.艺术要求

由于建筑所具有的物质和精神的双重功能，使用空间设计必须考虑内部空间的构图观感，需认真处理空间的尺度和比例以及各界面的材料、色彩、质感等。

有些特殊性质的房间（如观演性质的房间和大空间的房间），除要考虑以上因素外，还需考虑视线和音响要求、材料和结构的经济合理性等其他方面的要求。

（二）不同类型的房间设计

园林建筑中常见的房间类型有生活用房（值班室、宿舍、客房、休息室和接待室等）、办公管理用房（办公室、会议室、售票室等）、商业用房（餐厅或饮食厅、营业厅、小卖部、摄影部等）、展览用房（展览室等）、辅助用房（厕所、淋浴室、更衣室、储藏间等）、设备用房（配电室、设备机房等）、各类库房、厨房或饮食制作间、备餐室、烧水间等。

办公室多为单间办公室，按 4 m²/ 人使用面积考虑房间面积，房间开间为 3 ～ 6 m，进深为 4.8 ～ 6.6 m。

二、交通空间的设计

交通空间的作用是把各个独立使用的空间——房间有机联系起来，组成一幢完整的建筑。交通联系空间包括出入口、门厅、过道、过厅、楼梯、电梯、坡道、自动扶梯等。

交通联系空间的形式、大小、部位，主要取决于功能关系和建筑空间处理的需要。一般建筑交通联系部分要求有适宜的高度、宽度和形状，流线简单明确而不曲折迂回，能对人流活动起着明显的导向作用。此外，交通联系空间应有良好的采光和照明，以满足安全防火要求。园林建筑的交通空间一般可分为水平交通空间、垂直交通空间及枢纽交通空间三种基本的空间形式。

（一）水平交通空间

水平交通空间是指联系同一楼层不同功能房间的过道或廊子。其中，廊子特指单面或双面开敞的走道。园林中由于建筑布局分散，地形变化较大，常常利用廊子将建筑各部分空间联系起来，或单面空廊、双面空廊、复廊，或直廊、曲廊，或水廊、桥廊、跌落廊、爬山廊，与庭院、绿化、水体紧密结合，创造出步移景异的空间效果。

1. 按使用性质的不同

①完全为交通联系需要而设的过道或廊子如旅馆、办公楼等建筑的过道，主要满足人流的集散使用的，一般不做其他功能使用，保证安全防火的疏散要求。②除作为交通联系的空间外，兼有一种或多种综合功能使用的过道或廊子如某些展室、温室、盆景园的过道或廊子，满足观众在其中边走边看的功能。又如园林中的廊子，常常根据观赏景色的需求，设置单面空廊或双面空廊。廊子一面或两面开敞，开敞面常设坐凳栏杆（或靠背栏杆等）能够满足游人驻足休息的要求。

2. 过道的宽度和长度

过道的宽度和长度主要考虑交通流量、过道性质、防火规范、空间感受等因素。

①过道宽度的确定是专为人通行之用的过道，其宽度可考虑人流通行的股数、单股人流肩的宽度 550 mm、加上空隙（考虑人行走时的摆幅 0 ～ 150 mm）而定。是以，建筑走廊的最小净宽度为 1.1 m；一般建筑室内走道 2.1 m 宽（按轴线计），外廊 1.8 m 宽（按轴线计）。而携带物品的人流、运送物件的过道，则需根据携带和运送物品的尺寸和需要来

具体确定。兼有多种功能的过道，则应根据服务功能及使用情况来综合决定。当过道过长、过道两侧的门向过道开启、过道有人流交叉及对流情况时，过道需适当放宽。②过道长度的控制应根据建筑性质、耐火等级、防火规范以及视觉艺术等方面的要求而定。根据现行《建筑设计防火规范》规定，对于耐火等级为一、二级的一般建筑，位于两个安全出口之间的疏散门至最近安全出口的最大距离为 40 m，位于带形走道两侧或尽端的疏散门至最近安全出口的最大距离为 22 m。

3. 过道的采光和通风

过道一般应考虑直接的自然采光和自然通风。单面走道的建筑自然采光或通风较易解决，而双面走道的建筑，可以通过尽端开口直接采光，或利用门厅、楼梯间、敞厅、过厅的光线采光，或利用两侧房间的玻璃门、窗子、高侧窗间接采光。

（二）垂直交通空间

垂直交通空间指联系不同楼层的楼梯、坡道、电梯、自动扶梯等。

1. 楼梯

楼梯的位置和数量，应根据功能要求和防火规定，安排在各层的过厅、门厅等交通枢纽或靠近交通枢纽的部位。

（1）楼梯设计的一般规定

楼梯各部位名称如下。

根据现行的《民用建筑设计通则》楼梯设计规定如下。

①梯段宽度不少于两股人流，按每股人流为 0.55+（0 ~ 0.15）m 的人流股数确定，0 ~ 0.15 m 为人流在行进中人体的摆幅，人流众多的场所应取上限值；②平台最小宽度楼梯在改变方向时，扶手转向端处的平台最小宽度不应小于梯段宽度，并不得小于 1.20 m；③梯段踏步数每个梯段的踏步不应超过 18 级，亦不应少于 3 级；④梯段净高梯段净高不宜小于 2.2 m，楼梯平台上部及下部过道处的净高不应小于 2 m；⑤室内楼梯扶手高度自踏步前缘线量起不宜小于 0.90 m；⑥螺旋楼梯和弧形楼梯无中柱的螺旋楼梯和弧形楼梯离内侧扶手 0.25 m 处的踏步宽度不应小于 0.22 m。

（2）楼梯分类

楼梯根据功能性质、设置位置分为主要楼梯、次要楼梯、辅助楼梯和防火楼梯。

（3）楼梯形式

常用的楼梯形式有直跑楼梯、双跑楼梯和三跑楼梯。楼梯形式的选用，主要依据使用性质和重要程度。直跑楼梯具有方向单一和贯通空间的特点，常布置在门厅对称的中轴线上，以表达庄重严肃的空间效果。有时大厅的空间气氛不那么严肃，也可结合人流组织和室内空间构图，设于一侧作不对称布置，以增强大厅空间的艺术气氛。直跑楼梯可以单跑或双跑。双跑楼梯和三跑楼梯一般用于不对称的布局，既可用于主要楼梯，也可用于次要位置作辅助楼梯。

除此之外，在园林建筑中为了贯通空间，常常设置开敞式楼梯（即无维护墙体，楼梯直接敞向室内中庭或室外庭院），如双跑悬梯、双跑转角楼梯、旋转楼梯、弧形楼梯等，以活跃气氛和增加装饰效果。

（4）楼梯数量

基于防火疏散的要求，一般建筑中至少需设置两部楼梯。但是根据《建筑设计防火规范》规定：不超过三层的建筑，当每层建筑面积不超过 500 m²，且二、三层人数之和不超过 100 人时，可设一个疏散楼梯。

（5）楼梯坡度

应根据使用对象和使用场合选择最舒适的坡度。一般坡度在 20° 以下时，适于做坡道及台阶；坡度在 20° ~ 45° 之间适于做室内楼梯；坡度在 45° 以上适于做爬梯；楼梯最舒适坡度是 30° 左右。

2. 坡道

坡道用于人流疏散最大的特点是安全和迅速。有时建筑因某些特殊的功能要求，在出入口前设置坡道，以解决汽车停靠或货物搬运的问题。坡道的坡度一般为 8% ~ 15%，在人流比较集中的部位，则需要平缓一些，常为 6% ~ 12%。具体要求如下：室内坡道坡度不宜大于 1：8；室外坡道坡度不宜大于 1：10；供轮椅使用的坡道坡度不应大于 1：12。室内坡道水平投影长度超过 15 m 时，还需设休息平台。因为坡道所占的面积较大，出于经济的考虑，除非特殊需要，一般室内很少采用。此外，坡道设计还应考虑防滑措施。

（三）枢纽交通空间

枢纽交通空间指因人流集散、方向转换及各种交通工具的衔接等需要而设置的出入口、过厅、中厅等。其在建筑中起交通枢纽和空间过渡作用。

1. 出入口

建筑的主要出入口是室内外空间联系的咽喉、吞吐人流的中枢，入口空间往往是建筑空间处理的重要部位。

①主要出入口的位置一般将主要出入口布置在建筑的主要构图轴线上，成为建筑构图的中心，并朝向人流的主要来向。②出入口的数量要根据建筑的性质、按不同功能的使用流线分别设置。通常情况下，建筑一般至少设两个安全出入口，一个是满足客流需要的主要出入口，另一个则是作为内部使用的次要出入口。只有当使用人数较少、每层最大建筑面积符合《建筑设计防火规范》要求时，可设一个安全出入口。③出入口的组成园林建筑出入口部分主要由门廊、门厅及某些附属空间所组成。

门廊是建筑室内外空间的过渡，起遮阳、避雨以及满足观感上的要求。其形式有开敞式和封闭式两种。开敞式多用于南方地区，封闭式多用于寒冷地区。开敞式和封闭式门廊均可处理成凸出建筑的凸门廊（凸门斗）或凹入建筑的凹门廊（凹门斗）。

门厅是建筑主要出入口处内外过渡、人流集散的交通枢纽。园林建筑中的门厅除交通联系作用外，还兼有适应建筑类型特点的其他功能如：接待、等候、休息、展览等。门厅设计要求导向性明确，即人们进入门厅后，能比较容易地找到各过道口、楼梯口，并能辨别各过道、楼梯的主次。所以，应合理组织好各个方向的交通路线，尽可能减少各类人流之间的相互干扰和影响。门厅布局有对称和不对称两种，可根据建筑性质和具体情况分别采用。

2. 过厅

过厅是走道的交会点，或作为门厅的人流再次分配的缓冲和扩大地带，在不同大小和不同功能的空间交接处设置过厅可起到空间过渡作用。

3. 中庭

中庭指设在建筑物内部的庭园，通常设置玻璃顶盖以避风雨，在中庭内设楼梯、露明电梯、自动扶梯等垂直交通联系工具而成为整幢建筑的交通枢纽空间，同时亦作为人们憩息、观赏和交往的共享空间。中庭常用于宾馆、办公等各类建筑中，如广州白天鹅宾馆中庭。

第二节　景观园林建筑空间组合

在掌握不同功能空间的设计方法的基础上，应考虑到如何将不同的空间组合成一幢完整的建筑，这就涉及空间组合时需遵循的基本原则、空间组合形式方面的问题。

一、空间组合原则

在进行园林空间组合时，应遵循功能分区合理、流线组织明确、空间布局紧凑、结构选型合理、设备布置恰当、体型简洁与构图完整六大基本原则。

（一）功能分区合理

功能分区是进行单体建筑空间组合时首先必须考虑的问题。对一幢建筑来讲其功能分区是将组成该建筑的各种空间，按不同的功能要求进行分类，并根据它们之间的密切程度加以划分与联系，使功能分区明确又联系方便。一般用简图表示各类空间的关系和活动顺序，如茶室功能关系图，具体进行功能分区时，应考虑空间的主与次、闹与静、内与外。

1. 空间的主次

在进行空间组合时，不同功能的房间对空间环境的要求常存在差别。反映在位置、朝向、采光及交通联系等方面，应有主次之分。因而，要把主要的使用空间，布置在主要部位上，而把次要的使用空间安排在次要的位置上，使空间在主次关系上各得其所。如苏州东园茶室，在平面布局中，应把茶室、露天茶座、接待室布置在主要的位置上（景观、朝向较好），而把水灶、烧火、值班、储藏等辅助部分布置在次要的部位（景观、朝向相对较差，位置较隐蔽），使之达到分区明确、联系方便的效果。另外，有些组成部分虽系从属性质，但从人流活动的需要上看，应安排在明显易找的位置，如餐厅的售票室、茶室的小卖部、展览建筑的门卫及值班室等，往往设于门厅等主要空间中或朝向人流来向设置。

2. 空间的"闹"与"静"

在一幢建筑中，常常有些房间功能要求比较安静，布置在隐蔽的部位（如旅馆的客房），而有些房间的功能则要求空间开敞、与室外活动场所联系方便、便于人流集中而相对吵闹。在处理时应使不同功能房间按照"闹"与"静"分类，各类相对集中，力求闹静分区明确，不至于相互产生干扰和影响，使其各得其所。如武夷山天游观茶室，将茶厅设于一层，客房设于二层，在垂直方向上进行动静分区。

3. 空间联系的"内"与"外"

不同功能的房间有的功能以对外联系为主，有的则与内部关系密切。以茶室为例，厨房和辅助部分（备餐、各类库房、办公用房、工作人员更衣、厕所及淋浴室等）是对内的，而茶厅及公用部分（出入口、小卖部）是对外的，是顾客主要使用的空间。按人流活动的顺序，在总平面布局中，常将对外联系部分应尽量结合建筑主要出入口布置；而对内联系的部分则要尽可能靠近内部区域和相对隐蔽的部位，另设次入口。然而有时因场地限制，主、次出入口同处一个方位并且距离很近时，可以通过绿化、山石、矮墙等建筑小品作为障景手段，使功能分区的内外部分既联系又分割，处理得灵活而自然，如杭州灵隐冷泉茶室、如意斋。

（二）流线组织明确

从流线组成情况看有人流、车流、货流之分，其中人流又可以分为客流、内部办公人流，从流线组织方式看有平面的和立体的。在进行流线组织时应使各种流线在平面上、空间上，互不交叉、互不干扰。

（三）空间布局紧凑

在进行空间组合时，在满足上述各种功能要求和空间艺术要求的前提下，力求空间组合紧凑，提高使用效率和经济效果，主要方法有：①尽量减少使用空间开间、加大使用空间的进深；②利用过道尽端布置大空间，缩短过道长度；③增加建筑层数；④在满足使用要求的前提下，降低建筑层高。

（四）结构选型合理

建筑创作不同于绘画、雕塑、音乐等其他艺术形式，它还涉及结构、设备（水、暖、电）工程技术方面的诸多问题。不同的结构形式不仅能适应不同的功能要求，而且也具有各自独特的表现力，巧妙地利用结构形式，往往能创造出丰富多彩的建筑形象。了解园林建筑中常见的结构形式，有利于在方案设计中选择合理的结构支撑体系，为建筑造型创作提供条件，避免所设计的建筑形象出现不现实、不可实现的"空中楼阁"的问题。

园林建筑常见的结构形式，基本上可以概括为以下三种主要类型，即：混合结构、框架结构和空间结构。除此之外，还有轻型钢结构、钢筋混凝土仿木结构等类型。

1. 混合结构

由于园林建筑多数房间不大、层数不高、空间较小，多以砖或石墙沉重及钢筋混凝土梁板系统的混合结构最为普遍。这种结构类型，因受梁板经济跨度的制约，在平面布置上，常形成矩形网格的承重墙的特点。如办公楼、旅馆、宿舍等。

2. 框架结构

框架结构由钢筋混凝土的梁、柱系统支撑，墙体仅作为维护结构，由于梁柱截面小，室内空间分隔灵活自由，常用于房间空间较大、层高较高、分隔自由的多、高层园林建筑中，如餐厅、展览馆、标志塔等。

3. 空间结构

随着高新建筑材料的不断涌现，促使轻型高效的空间结构的快速发展，对于解决大跨度建筑空间问题，创造新的风格和形式，具有重大意义。空间结构包括了钢筋混凝土折（波）板结构、钢筋混凝土薄壳结构、网架结构、悬索结构、气承薄膜结构等。

①钢筋混凝土折（波）板结构如同将纸张折叠后，可增加它的刚度和强度一样，运用钢筋混凝土的可塑性可形成折（波）板、多折板结构，其刚度、承载力、稳定性均有较大提高。园林中常见利用 V 形折板拼成多功能的活泼造型的建筑及小品，如亭、榭、餐厅等。②钢筋混凝土薄壳结构是充分发挥混凝土受压性能的高效空间结构，可将壳体模仿自然界中的蛋壳、蚌壳、海螺等曲面形体，形成千姿百态、体形优美的建筑新形象。常见的有单向曲面壳、双向曲面壳、螺旋曲面壳。单向曲面壳的实例如墨西哥霍奇米柯薄壳餐厅。③网架结构它是由许多单根杆件，按一定规律以节点形式连接起来的高次超静定空间结构。网架结构具有自重轻、用钢省、结构高度小的特点，利于充分利用空间。园林中常见用于大门、茶室、餐厅、展览馆、游泳馆等建筑中。按屋顶结构形式又分为平面结构、空间结构。平面结构实例如昆明世博会大门。④悬索结构它是由许多悬挂在支座上的钢索组成。钢索是柔性的，只承受轴向拉力；边缘构件是混凝土的，为主要的受压构件。其充分发挥了钢材受拉性能好、混凝土的受压性能好的特点，将二者结合，真正做到力与美的统一。目前常见的有单向悬索、双向悬索、混合悬挂式悬索。⑤气承薄膜结构运用合成纤维、尼龙等新材料来做屋顶的结构形式，由于施工速度快，拆迁方便，多用于一些展览馆、剧场、游乐场等一些临时性建筑中。如上海世博会日本国家馆，展馆外部采用透光性高的双层外膜形成一个半圆形的大穹顶，就如一座"太空堡垒"，内部配以太阳电池，可以充分利用太阳能资源，实现高效发光、发电。

4. 轻型钢结构

运用薄壁型钢作为主要材料，形成以钢柱、屋架或钢架为主要支撑体系的结构形式。常见于园林建筑及小品中，如花架、温室、茶室、餐厅等。

5. 钢筋混凝土仿木结构

在园林中还有一种特殊的结构形式，即钢筋混凝土仿木结构。我国古典园林中主要的结构形式是木结构，其以木构架（由柱、梁、枋等构件构成）承重，而墙体并不承重，只起围蔽、分隔、稳定柱子的作用。常见的结构体系主要有穿斗式与抬梁式两种。由于木材短缺及其易腐蚀、易遭火灾的缺陷，钢筋混凝土仿木结构与钢丝网水泥结构已成为当今普遍采用的结构形式。钢筋混凝土仿木结构是一种采用钢筋混凝土为主要材料、仿制传统木结构构件的一种结构形式。与木结构相比，具有节省木材、耐腐、高强、施工迅速的优点，已被园林建筑广泛采用。

在建筑设计时，一般可根据建筑的层数和跨度并考虑建筑的性质和造型要求，结合考虑不同结构体系的结构性能，来选择合理的结构形式。

（五）设备布置恰当

园林建筑设计除了考虑结构设计外，还需考虑建筑设备技术，如水、暖、电等方面问题。设备用房的布置应该符合各类用房布置的有关要求，使之各成为系统，同时还需使其互不影响。如厨房、卫生间的设计就涉及给排水问题。在多层建筑的设计中，各楼层卫生间的平面位置应尽量上下重叠，利于集中设置给水、排水干管；在相同楼层平面设计中应力求用水点集中，如将厨房、卫生间紧靠在一起布置，利于埋设管线。除此之外，设备的合理布置还影响建筑造型设计。如在设有电梯的旅馆设计中，常常出现的问题是没有考虑到屋顶的电梯机房的设备位置，从而破坏和影响了建筑造型的整体性。

（六）体型简洁、构图完整

园林建筑设计除了实现功能合理、技术可行、经济的目标外，最终还须落实到建筑形象设计上。纵观古今中外的优秀园林建筑，其"造型美"在于体型简洁和构图完整，具体来说，就是符合建筑形式的诸法则，如统一与变化、节奏与韵律、比例与尺度、均衡与稳定等。

二、空间组合形式

园林建筑空间组合的常用形式有：走廊式、穿套式、庭院式、综合式等。

这种形式常常运用于构成建筑的各房间大小基本相等、功能相近、并要求各自独立使用的空间，常见于办公楼、旅馆的客房部分、职工宿舍部分等。走廊式又分为内廊式和外廊式。

内廊式为一条或两条内走廊联系两侧的房间，走道短、交通面积少，平面布局紧凑，建筑进深大，保温性能好，但有半数房间朝向不好；外廊式指仅走道的一侧设置房间，另一侧则不设置房间，走道长、交通面积多，平面紧凑性、保温性能差，但可使所有房间均朝向较好的朝向；也有将外廊封闭形成暖廊的，可以防风、避雨，同时供人们休息、赏景。故实际工作中很多建筑在空间组合时常常采用内、外廊相结合的组合方式，充分发挥两种布局的优点。

（一）穿插式

有些类型的建筑（如展览馆、盆景园等）或有些功能房间（如茶室的加工间与备茶间、备茶间与茶厅、小卖部与储藏间）因使用的要求，在空间组合上要求有一定的连续性，对于这类序列空间可以采用穿套式组合。穿套式组合，为适合人流活动的特点和活动顺序，又可以分为以下四种形式。

1. 串联式

各使用空间按照一定的使用顺序，一个接一个地相互串通连接。采用这种方式使各房间在功能上联系密切，具有明显的顺序和连续性，人流方向单一、简洁明确、不逆行、不交叉，但活动路线的灵活性较小。

2. 放射式

它以一个枢纽空间作为联系空间，此枢纽空间在两个或两个以上的方向呈放射状衔接布置使用空间。这个作为联系空间的枢纽空间，可以是人流集散的大厅，也可以是主要使用空间。采用这种组合方式布局紧凑、联系方便、使用的灵活性大。但在枢纽空间中容易产生各种流线的相互交叉和干扰。

3. 大空间式

它将一个原本完整的大空间，采用一定的分隔方法（如矮墙、隔断等）分成若干部分，各部分之间既分隔又相互贯通、穿插、渗透，各部分之间没有明确的界限，从而形成富于变化的"流动空间"景观。如加纳阿克拉国家博物馆。

4. 混合式

在一幢建筑中采用了上述两种或两种以上的穿套式组合方式，称为混合式。

（二）庭院式

将使用空间沿庭院四周布置，以庭院作为连接联系的空间组合方式。可形成三面设置房屋、一面是院墙的三合院，或四面为房屋的四合院，根据需要可以在一幢建筑中设置一个、两个或两个以上的庭院。这种组合方式使用上比较安静，冬季可以防风，可将不同功能性质的房间（嘈杂的与安静的、对外联系密切的与内部使用的）通过庭院分隔，使其各得其所。目前很多庭院在上部覆盖采光材料，可以遮风避雨改善庭院的使用条件，形成有特色的室内庭院。

（三）综合式

由于实际生活中建筑的复杂性和多样性，往往一幢建筑中采用了上述两种或两种以上的组合方式，称为综合式组合方式。如武夷山星村候筏码头就采用了走廊式、穿套式、庭院式的组合方式，为综合式组合方式。

第三节 景观园林建筑造型设计

建筑造型设计是园林建筑设计的一个重要的组成部分,其内容主要涉及建筑体型设计、立面设计、细部设计等方面。

一、园林建筑造型艺术的基本特点

园林建筑造型艺术的基本特点主要体现在以下五个方面。

①建筑的艺术性优于物质性。园林建筑同其他类型建筑一样,应该遵循建筑设计的普遍原则,即在满足人们的物质要求的同时,还必须满足人们的精神需求。②形式与功能的高度统一。物质和精神功能的统一是建筑创作的根本方向。只有当建筑的形式与功能达到高度统一,才能创造出完美而崇高的建筑形象。③可以借助于其他艺术形式(如雕刻、文学、书法、绘画等),但主要通过建筑的手段和表达方式来反映建筑形象的具体概念。建筑艺术不同于雕塑、音乐、绘画等其他艺术形式。建筑主要通过建筑自身的空间、形体、尺度、比例、色彩和质感等方面构成艺术形象,表达某些抽象的思想内容,如庄严肃穆、富丽堂皇、清幽淡雅、轻松活泼等气氛。园林建筑设计中常常借助于雕刻、文学、书法、绘画等其他艺术形式加强艺术氛围和表现力,但主要通过建筑的手段和表达方式来反映建筑形象的具体概念。园林建筑空间是具有音乐的韵律美的四维空间。当人们在一定的园林空间中移动,随着时间的推移,一个个开合、明暗变化的空间,犹如连续的画卷在眼前展现。因为有了时间的因素,园林建筑的空间魅力才得以充分地表达。④体现建筑的地方特色和民族特色,继承传统又根据现代条件创新。善于充分挖掘传统建筑的地方特色和民族特色,在继承传统的基础上,做到"古为今用,西学中用",根据现代化条件创造出崭新的园林建筑形象。⑤建筑业的综合性对建筑造型有着更为密切的联系。随着时代的进步,人们物质文化生活多元化,园林建筑的形式也日趋复杂。建筑技术尤其是结构技术的飞速发展,为园林建筑创作中的各种尝试和探索提供了技术条件。许多新材料、新技术在园林建筑中大量运用。

二、园林建筑的构思与构图

(一)园林建筑构思

建筑构思是运用形象思维与逻辑思维的能力,现实主义与浪漫主义相结合,对设计条件进行深刻分析和准确理解,抓住问题的关键和实质,以丰富的想象力和坚韧的首创精神,运用建筑语言所特有的表达方式和构图技巧,创造出有深刻思想和卓越艺术性的完美统一的建筑形象。

一般的园林建筑设计应包括方案设计、初步设计、施工图设计三大部分。建筑构思主要是在方案设计阶段完成的。

一般而言，就建筑方案设计的过程来看，大致可以划分为任务分析、方案构思及多方案比较、方案修改完善三大步骤。建筑师在实际工作中经常分析研究、构思设计、分析选择、再构思设计……如此循环发展的过程，在每一个"分析"阶段（包括前期的条件、环境、经济分析研究和各阶段的优化分析选择）所运用的主要是分析概括、总结归纳、决策选择等基本的逻辑思维的方式；而在各"构思设计"阶段，建筑师主要运用的则是形象思维。因而，建筑设计的学习训练必须兼顾逻辑思维和形象思维两个方面，不可偏废。任务分析是设计的前提和基础，从任务分析（设计要求、地段环境、经济因素和相关规范资料等），到建筑设计思想意图的确立，并最终完成建筑形象设计。方案设计承担着从无到有、从抽象概念到具体形象的职责。它对整个设计过程起着开创性和指导性的作用。它要求建筑师具有广博的知识面、丰富的想象力、较高的审美能力、灵活开放的思维方式和勇于克服困难的精神。对于初学者而言，创新意识与创作能力是学习训练的主要目标。

1. 任务分析

任务分析就是通过对设计要求、地段环境、经济因素和相关规范资料等重要内容的系统、全面地分析研究，为方案设计确立科学的依据。

（1）设计要求的分析

设计要求的分析包括个体空间、功能关系、形式特点要求三大方面。

①个体空间分析包括各功能用房的体量大小、基本设施要求、位置关系、环境景观要求、空间属性的要求等。②功能关系分析按照设计任务书要求，将功能概念化，绘出功能关系图，明确个体空间的相互关系及联系的密切程度。如个体空间在相互关系上的主次、并列、序列或混合关系；在功能联系上的密切、一般、很少或没有联系；并考虑在设计中采取与之相对应的空间组合方式。③形式特点要求分析分析不同类型建筑的性格特点和使用者的个性特点。

（2）地段环境的分析

环境条件是建筑设计的客观依据。所谓"因地制宜"，即是对周围环境条件的调查分析，把握和认识地段环境的质量水平及其对建筑设计的制约影响，充分利用现有条件因素并加以改造利用。具体的调查研究应包括地段环境、人文环境和城市规划设计条件三个方面。地段环境的分析是做好园林建筑设计的首要条件。

①地段环境地段环境方面包括所在城市的气候条件；地段的地质条件、地形地貌、景观朝向、周边建筑、道路交通、城市方位、市政设施、污染状况等。②人文环境方面包括城市性质规模、地方风貌特色等。③城市规划设计城市规划设计方面包括城市规划部门拟定的有关后退红线、建筑高度、容积率、绿化率、停车量等要求。

（3）经济技术因素分析

方案设计阶段主要是在遵循适用、坚固、经济、美观的原则基础上，依据业主实际所能提供的经济条件，选择适宜的技术手段，包括建筑的档次、结构形式、材料的应用、设备选择等。

（4）相关资料的调研与收集

学习和借鉴前人的实践经验以及掌握相关建筑设计的规范制度，是掌握园林建筑设计的基本方法。资料收集包括规范性资料和优秀设计图文资料两个方面，可通过对性质相同、内容相近、规模相当、方便实施的实例进行调研。有对设计图文资料进行整理分析的，也有对建成实物进行实地测绘的，分析其设计构思、设计手法、空间组合、建筑造型等。

任务分析阶段常用草图表现方法绘制用地环境分析图，如食品廊设计用地环境分析图中表达了对用地景观朝向、周边建筑、道路交通、地形地貌条件分析。

2. 构思方法

在建筑创作中，方案构思的方法是多种多样的。根据方案设计的过程，可将构思的方法分为以下四种。

（1）按部就班式

先了解熟悉设计对象的性质、内容要求、地形环境等，在此基础上进行功能分析及绘制功能关系图；依据各功能空间的体量大小、基本设施要求、位置关系、环境景观要求、空间属性把关系图示置于基地，根据基地的形状、朝向、周围环境等因素，将它修改成合理的总平面或平面布局形状；等这种关系安排妥当后，就把建筑物"立体化"；最后根据造型设计进行平面的调整修改，直到方案完成。

优点是基本满足功能要求，技术上也比较容易解决；但是没有创造性，整个过程重视平面关系，在考虑功能时，往往不注重建筑体型，等到最后确定建筑形象时，往往只是做一些调整和细节处理。但对于初学者而言，这是应掌握的最基本的构思方法。

（2）在熟悉基地、设计对象的基础上，作形态构思

这种方式是最常用的手法，但先决条件是熟悉基地和设计对象。罗列可能出现的建筑形式，然后做多方案比选。以食品亭设计为例，在任务分析的基础上，罗列出三个比较方案，进行方案比较。在进行多方案构思时，应遵循以下几个原则。

其一，应提出数量尽可能多、差别尽可能大的方案。

其二，任何方案的提出都必须是在满足功能与环境要求的基础之上的，否则，再多的方案也毫无意义。

在进行多方案分析比较与优化选择时，重点比较以下三个方面。

其一，是否满足基本的设计要求。

其二，建筑的个性特色是否突出。

其三，是否留有修改调整的余地。

即使是被选定的发展方案，虽然在满足设计要求和个性特色上具有相当优势，但也会因方案阶段的深度不够等原因，存在一些局部问题，需要调整和修改。应该注意的是，对其：进行的调整和深入，是在不改变原有方案整体构思、个性特色的基础上，所进行的局部修改和调整。避免由于局部的调整，导致方案整体大改动。

（3）意象性的构思

所谓意象性构思就是将某种意念投射到建筑形象上，让人去联想。如古典园林中的临水建筑舫，即是将"船"的意象投射到建筑形象设计中，其特点是建筑形象与投射体之间存在着介乎似与不似之间的关系，方能让人联想、令人回味。如上海世博会西班牙国家馆建筑采用天然藤条编织成的一块块藤板作外立面，整体外形呈波浪式，看上去形似"篮子"，藤条板质地颜色各异，抽象地拼搭出"日""月""友"等汉字，表达对中国传统文化的理解。

（4）构成式的构思

就是不管是平面的、立体的、空间的乃至肌理、光影、颜色等，采用构成手法以一个提出发作各种变换，最后形成一个建筑方案。

以上这四种方式依次由易到难，前一种属于"先功能后形式"，后三种属于"先形式后功能"，前者以平面设计为起点，从研究建筑的功能需求出发，而后完善建筑造型设计；后者从建筑体形环境入手，重点研究建筑空间和造型，而后完善功能。对于初学者而言，可在掌握熟悉前者的基础之上，尝试其他的方案构思方法。

3.表达方式的选择

为了能在方案设计阶段更及时、准确、形象地记录与展现建筑师的形象思维活动，宜采用设计推敲性表现方法，常用的是草图表现，其他还有草模表现、计算机模型表现等形式。而在方案确定以后，为了进行阶段性的讨论或最终成果汇报的展示时，则需采用展示性表现方法，使方案表现充分、最大限度地赢得社会认可。实际工作中可根据不同情况酌情采用。

（二）园林建筑构图的原则与方案

建筑构思需要通过一定的构图形式才能反映出来，建筑构思与构图有着密切的联系，有时想法（构思）好，但所表现出来的形象并不能令人满意。有时建筑虽然大体上都符合一般的构图规律，但并不能引起任何美感，这说明构思再好，还有个表现方法的问题、途径选择的问题、建筑美学观的认识问题。运用同样的构图规律，在美的认识上、艺术格调上、意境的处理上还有正谬、高低、雅俗之分，建筑形象的思想性与艺术性的结合的奥妙就在于此。

园林建筑设计应符合造型艺术构图的基本规律，才能使各景区、景点建筑构图的重点突出、多样、统一。具体的构图法则有统一与变化、对比与微差、节奏与韵律、联系与分隔、比例与尺度、均衡与稳定等，至于采用何种构图方法，则需综合考虑主题意境及建筑风格。

1.统一与变化

物质世界具有有机统一性，多样统一是形式美的普遍规律。多样统一既是秩序，相对于杂乱无章而言；又是变化，相对于单调而言。建筑在客观上存在着统一与变化的因素——相同性质、规模的空间（如办公楼的办公室、旅馆中的客房等具有相同的层高、开间、门窗），不同性质、规模的空间（楼梯、门厅等层高、开间、开窗位置等不同）立面上反映出统一和变化来；另一方面，就整个建筑来说是由一些门窗、墙柱、屋顶、雨篷、阳台、凹廊等不同部分所组成的，也必然反映出多样性和变化性。

园林建筑中可以通过"对位"和"联系"获得统一，通过"错位"和"分隔"获得变化。如某办公建筑立面，由于办公室功能的一致性，例如，开窗大小相等，位置相同，通过这种"对位"获得统一；而楼梯间窗户由于功能不同、采光要求低、加之平台地面高度与各楼面不在同一个标高，因此开窗小，位置与办公楼层错开半层，通过"错位"求得变化。

所谓"统而不死""变而不乱""统一中求变化""变化中求统一"正是为了取得整齐简洁，而又避免单调呆板、丰富而不杂乱的完美的建筑形象。

2. 对比与微差

古代希腊朴素唯物主义哲学家赫拉克利特认为，自然趋向差异对立，协调是从差异对立而不是类似的东西产生的。由此可见，事物之间的对比和微差产生协调。对比与微差只限于同一性质之间的差异，如数量上的大与小、形状上的直与曲等。至于这种差异变化是否显著，是对比还是微差，则是一个相对的概念，没有绝对的界限。如北京漏明墙窗，各窗统一布局，间距相等、大小基本一致，整体统一和谐。每一个窗形各异，相邻窗之间的这种变化甚小，视觉上保持了整体的一贯性与连续性，统一中有变化，是将两者巧妙结合的佳作。

由于建筑形式与功能的高度统一，建筑形式必然反映出建筑的功能特点。园林建筑内部功能的多样性和差异性，反映在形式上即是对比与微差。对比指各要素之间的显著差异；微差则指的是不显著的差异。通过对比，借助各要素彼此之间的烘托陪衬来突出各自的特点以求得变化，如以小衬大、以暗衬明、以虚衬实；通过微差手法，借助各要素彼此之间的共同性以求得和谐。没有对比会使人感到单调，过分强调对比，又因失去了相互之间的协调一致而造成混乱。只有将两者巧妙结合，才能创造出既变化又和谐、多样统一的建筑形式。

（1）数量上的对比

数量上的对比如：单体建筑体量的对比（以小衬大）、园林建筑庭园空间的对比（欲扬先抑）以及在中国古建筑立面设计中，为了突出中心，中轴线上的主入口较两侧大、明间的开间自明间向两侧依次递减等。

（2）形状对比

形状上的对比有：单体建筑各部分及建筑物之间形状的对比、园林建筑庭园空间形状的对比（方与圆、高直与低平、规则与自由的对比）。如天津水上公园水榭，建筑单体各部分采用不同形状（方与曲）的建筑体块组成以形成对比。

（3）方向对比

将构成建筑自身形体的各部分在平面上向不同的方向延伸，在空间上则通过构件悬挑、收进等手法，使其在三维空间中沿着各自的空间轴自由延伸扩展，以形成对比的手法，如桂林芦笛岩接待室。方向对比是获得生动活泼的造型和韵律变化的一种处理手法，许多交错式构图往往都具有方向对比。

（4）明暗虚实对比

利用明暗对比关系达到空间变化和突出重点的处理手法，如：室（洞）内与室（洞）外的一明一暗（以暗衬明）、建筑外墙体立面的实墙面与空虚的洞口或透明的门窗所形成的虚实对比（以实衬虚）、空间的"围"（封闭）与"透"（开敞）所形成的虚实对比；园林环境中建筑、山石与池水之间的明暗对比等。

通过建筑的外墙上虚（门洞、窗洞）实（墙面）凹凸（悬挑阳台）处理形成光影明暗对比，常常获得生动的效果。

（5）简繁疏密的对比

通过立面构图要素（屋顶形式、装饰线条、门窗）的简与繁、疏与密的设计，形成对比。往往是建筑重点装饰的必然结果。以北京大正觉寺塔为例，以稀疏线条的台基和五座塔塔身的繁复线条形成对比。

（6）集中与分散对比、断续对比

通过建筑某些部件在组织上的集中和分散形成对比以突出重点。如在建筑立面的处理中，为了突出建筑某个重点部位（如转角、主入口、屋檐下等处），建筑设计运用立面构图要素（如阳台、门窗等）的集中布置，而其他部位则做相对分散布置。如桂林"桂海碑林"立面设计，休息廊断开的垂直悬挑立柱和连续通长的水平栏板、梁枋之间形成断续对比。

（7）色彩与材料质感对比

园林建筑中常常运用各种材料（砖、瓦、石材、植物等）的色彩、质感、纹理的丰富变化形成对比，以突出建筑的小品味和人情味。如现代园林中粗糙的毛石与光滑的人工石材、镜面玻璃形成的对比、苏州园林中粉墙与黛瓦的对比、白色的薄膜与银色的钢材的对比等，在园林中比比皆是。

（8）人工与自然对比

在园林建筑设计中，以规整的建筑物与自然景物之间在形、色、质、感上的种种对比。通过对比突出构图重点获得景效，或以自然景物烘托建筑物，或以建筑物突出自然景物，两者相互结合，形成协调的整体。

以上列出的几种对比手法并不是彼此孤立的，在园林建筑设计中往往需要综合考虑，一个成功的建筑构图常常既是大小数量上的对比，又是形状的对比；既是体量、形状的对比，又是明暗虚实的对比；既是体量、形状虚实的对比，又是人工与自然景物的对比等。在对比的运用中既要注意主从关系、比例关系，力求突出重点，又要防止滥用造成变化过大，缺乏统一性，破坏了园林空间的整体性。

3. 节奏与韵律

韵律本来是用来表明音乐和诗歌中音调的起伏和节奏感的。建筑构图中的韵律，指的是有组织地变化和有规律的重复，使变化与重复形成了有节奏的韵律感，进而可以给人以美的感受。正是这一点，人们常把建筑比作"凝固的音乐"。人类生来就有爱好节奏和谐之美的形式的自然倾向。这种具有条理性、重复性和连续性为特征的韵律美，在自然界中随处可见。人们将自然界的各种事物或现象有意识地加以模仿和运用，形成了建筑活动中的韵律。在园林建筑中，常用的韵律手法有连续的韵律、渐变的韵律、起伏的韵律、交错的韵律等，以下分别论述。

（1）连续的韵律

是以一种或几种要素连续、重复地排列而形成，各要素之间保持着恒定的距离和关系。如园林建筑中等距排列的尺寸图案统一的漏窗、廊柱、椽子等。

（2）渐变的韵律

是连续的要素在某一方面（距离、尺寸、长短）按照一定的次序而变化（如逐渐变宽或变窄、逐渐变大或变小、逐渐加长或缩短），由于这种变化取渐变的形式，故称渐变韵律。

（3）起伏的韵律

是渐变韵律按照一定规律时而增加时而减小，有如波浪起伏或具有不规则的节奏感，这种韵律活泼而富有动感。

（4）交错的韵律

是各组成部分按一定规律交织、穿插而形成的。

以上四种形式有一个共同的特点——具有明显的条理性、重复性、连续性，借助这一点，设计中采用节奏与韵律既加强整体的统一性，又具有丰富多彩的变化。

4. 比例与尺度

任何建筑，不论何种形状，都存在三个方向长、宽、高的度量。建筑尺寸即指形体长、宽、高的实际量度。建筑比例所研究的就是这三个方向度量之间的关系问题。所谓比例，是指建筑物整体或各部分本身，以及建筑整体与局部或各部分之间在大小、高低、长短、宽窄等数学上的关系。建筑设计中的推敲比例，就是指通过反复比较而寻求出这三者之间的理想关系。建筑尺度所研究的是建筑物的整体或局部给人感觉上的大小印象和真实大小之间的关系问题。尺度是指建筑物局部或整体对某一物体（人或物）相对的比例关系。往往可以通过某些与人体相近的某些建筑部件（踏步、栏杆、窗台、门洞等）来反映建筑的尺度。

5. 均衡与稳定

由于地球引力——重力的影响，古代人们在与重力做斗争的建筑实践中逐渐形成了一套与重力有联系的审美观念，这就是均衡与稳定。人们从自然现象中得到启示，并通过实践活动得以证实的均衡与稳定原则，可以概括为：凡是像山那样下部大、上部小，像树那样下部粗、上部细，像人那样具有左右对称的体形，不仅感官上是舒服的，并且实际上是安全的。于是人们在建造建筑时力求符合均衡与稳定的原则，例如古埃及的金字塔、中国古代帝王陵墓，均呈下大上小、逐渐收分的方尖锥体。然而，均衡与稳定指的是两个不同的概念。均衡所涉及的主要是建筑构图中各要素左与右、前与后之间相对轻重关系的处理，稳定则是建筑整体上下之间的轻重关系处理。随着科学技术的进步和人们审美观念的发展和变化，人们不但可以建造出高过百层的摩天大楼，而且还可以把古代奉为金科玉律的稳定原则颠倒过来，建造出许多上大下小、底层架空的新奇的建筑形式，如上海世博会中国国家馆。

以静态均衡来讲，有两种基本形式：一种是对称的形式；另一种是非对称的形式。对称形式由于自身各部分之间所体现出的严格的制约关系（构图时设一条或多条对称轴加以制约），所以天然就是均衡的。而非对称的形式虽然相互之间的制约关系不像对称形式那样明显、严格，但是保持均衡的本身也就是一种制约关系，不过其处理的手法比起对称形式要自然灵活得多，形式也更为活泼了。园林建筑的均衡更多地体现在园林建筑的群体的布局中。

第四节　景观园林建筑设计的技巧

一、立意

所谓立意，就是设计者根据功能需要、艺术要求、环境条件等因素，经过综合考虑所产生出来的总的设计意图。立意既关系到设计的目的，又是在设计过程中采用那种构图手法的依据。

第一，由于园林建筑具有较高的观赏价值并富于诗情画意，故比一般建筑更为强调组景立意，尤其强调景观效果和艺术意境的创造。

园林意境常结合诗词书画等多种艺术形式创造艺术意境，所谓诗情画意，寓情于景，触景生情，情景交融是我国传统造园的特色。常常运用"点题"的方式，通过匾额、楹联点出建筑主题意境。如，河北承德避暑山庄内的多处景点的名称，均为康熙皇帝和乾隆皇帝所亲题，香远益清、镜水云岑、萍香泮、金山岛等，即以简短的题名，表达出各景点园林景色的丰富多彩。

第二，园林建筑设计必须结合建筑功能和自然环境条件两个基本因素进行立意构思。皇家园林、私家园林及寺观园林中的建筑，常以不同功能性质作为构思立意的出发点，如皇家园林体现皇家气派、私家园林重在"人造自然"的园居氛围。由于地理环境差异，北方园林与南方园林相比，由于北方冬季寒冷和夏季多风沙，使得园林建筑封闭，而呈现出不同于江南建筑的形象。各地方园林建筑风格地方化、乡村化表现尤为突出。

二、选址

《园冶》中的"相地合宜，构园得体"是园林建筑设计的一项重要原则。一座公园或一幢观赏性建筑物如选址不当，不但不利于艺术意境的创造，而且会因降低观赏价值而削弱景观效果。如何进行选址主要从以下几个方面考虑。

第一，在对环境条件及风景资源进行分析调查的基础上，与组景立意密切结合，进行选址。

"相地"首先要对环境条件及风景资源进行分析调查，才能做到"因地制宜"。山林、湖沼、平原、往往呈现出不同的景观特色，是组景立意考虑的首要因素；地形的坡度、坡向、土壤、水质、风向、朝向等对建筑布局、绿化质量方面也产生一定影响；现状地形中的一切自然景物，一树一石、花鸟鱼虫、山谷沟涧等，都是可加以充分利用的，保留现状地形中有特色的自然景物，将其用于组景立意，因地制宜地反映出基址特点。

环境条件在园林建筑组景立意中有重要的地位和作用，合理选址有利于创造某种和大自然相协调并具有某种典型景效的园林空间。如承德避暑山庄内的"南山积雪""四面云山""锤峰落照"，虽是造型简单的矩形亭，由于选址恰当，建于山巅山脊高处，立体轮廓突出，登亭远眺，可细玩积雪云山、落照锤峰等优美自然景色，选址与组景立意密切结合。

园林建筑的相地与组景意境是分不开的。峰、峦、丘、壑、岭、崖、壁、嶂、山型各异，湖、池、溪、涧、瀑布、喷泉、水繁多，松、竹、梅、兰、植物品种形态千变万化，因地制宜地综合考虑建筑营造、筑山、理水、植物栽培等问题，既要注意突出各种自然景物特色，又要做到"宜亭斯亭"恰到好处。

当选址环境缺乏真山真水环境时，还需凭借设计人的想象力进行改造，以提高园址特点。

第二，利于赏景，从点景、观景方面出发，进行选址。

点景、观景作为园林建筑的主要特点，在选址中应予以充分考虑。

点景即点缀风景，起到画龙点睛的作用。

无论是山顶、高地、池岸、水矶、茂林修筑、曲径深处，凡得景佳处，均可选址。选址的位置往往决定了观赏者视野范围内摄取到的风景画面，设计前的相地，需要顾及景色因借的可能性和效果，并获得适当的得景时机和眺望视角。

第三，结合园林总体布局进行考虑。

不同功能性质园林建筑对于选址有着不同的要求。为了适应园林的功能分区，常借助园内建筑或者以建筑结合山水、植物围合空间，创造互相穿插、彼此联系的空间序列。

三、造景

（一）点景

点景是园林造景的手法之一。它有两种形式，一种是点题，即以楹联、匾额、碑刻等点出构思主题意境，它是以文字的形式对园林景观以及空间环境特点进行高度概括，从而使园林空间产生文学意境美。另一种是点缀风景，无论山体、水面、建筑群、花木丛等均可成为点缀对象，或置于林荫间、花圃中，或点缀于山顶、山坡、山脚，或安于水中、岸边，或设于庭中、园角，既可眺望景色，又可点缀风景、活跃和丰富景区氛围。

（二）借景

借景是把各种在形、声、色、香上能增添艺术情趣，丰富画面构图的外界因素，引入到本景空间中，使景色更具特色和变化。大自然界中的可资因借的景物多种多样，如云霞、日月、花木、泉瀑等，因其形、声、色、香常常使人触景生情，将其作为组景对象巧妙地融合在园林中，不但为创造艺术意境服务，还扩大了空间、丰富了园林景观艺术效果。

借景的内容有借形、借声、借色、借香；借景的方法有"远借、邻借、仰借、俯借、应时而借"。

借形组景主要采用对景、框景、渗透等构图手法，把有一定景效价值的远、近建筑物及建筑小品，以至山、石、花木等自然景物纳入画面。

借声组景，是利用自然界声音多种多样，如暮鼓晨钟、溪谷泉声、林中鸟语、雨打芭蕉、柳浪莺啼等，凡此均可以由于组景，既能激发感情、怡情养性，又为园林建筑空间增添几分诗情画意。

借色组景是利用自然景物丰富的色彩来进行组景。自然界的月色、云霞、树木、花卉各具形色，如杭州西湖的"三潭印月""平湖秋月"是以夜景中的月色组景，承德避暑山庄"四面云山""一片云""云山胜地""水流云在"四景则是以天空中的极富有色彩和变化云霞组景。而且树木、花卉随着季节的不同，色彩也会随之变化，春天桃红柳绿，秋来枫林红叶，冬之白雪红梅，均是极佳的组景素材。

借香组景是利用植物散发出来的幽香来增添园林景致，如广州兰圃借兰香、拙政园的"荷风四面亭"是借荷香组景的佳例。

远借、邻借、仰借、俯借、应时而借均是由于得到景距离不同、视角不同、时机不同的借景方法。

借景时应考虑结合设计构思的主题意境，即所谓"借景有因"。

同时需要处理好借景对象与本景建筑物之间的关系。应重视设计前的相地，需要顾及建筑不同位置、朝向借景的可能性和效果，如果找不到合适的自然借景对象时，也可以适当设置一些人工的借景对象，如建筑小品、山石、花木等；同时还需结合人流路线来组织，或设门、窗、洞口以收景，或置山石花木以补景；在人流活动空间中，有意识地设置静中观景、动中观景点，仔细推敲建筑门、窗、洞口的开口大小、形式、位置与景物之间的相互关系，以期获得恰当的视点位置和眺望视角。对于那些杂乱无章索然无味的实像，应该尽量防止将其引入到园景中来，所谓"嘉则收之、劣则摒之"。

（三）框景

框景是利用画框式的门洞、窗洞等把一个局部景观框入特定的框内，使真实的自然风景产生犹如艺术性图画的效果，具有更好的观赏价值。

框景有多种形式，常见的有入口框景、流动框景等。入口框景是指在园区的入口处以园门、窗洞为取景框，园内设置一组景物，使游人一进大门就有景可赏，在心理上，预示着一个新的空间序列的开始。流动框景是指人们在园林中游赏时，随着脚步的移动，视线所及景物也随之变化，透过园墙或廊壁上的一个个窗框，所看到的一组组变化的景物，从而产生步移景异、扩大园林空间的效果。

除了上述造景手法外，还有前面所述对比与微差中的曲与直、开与合、收与放、动与静、小与大等造景手法。

有时我们在苏州园林的平面图中，常常看到的建筑物并不是正南北地摆放着的，亭、廊、墙等建筑物也总是变化着角度，曲曲折折，看似很不规则，其园林中建筑、山水、植物的布局充分考虑点景、借景、框景等造景手法的运用。当身临其境时，从"动观"中，才能领会出其中造园手法之精妙（详见苏州拙政园平面图）。

第五节　景观园林建筑群体设计

一、概述

（一）建筑群体概念

"群体"的概念，被广泛地运用于动物学、社会学等学科领域中。动物学中"指一群同种的生物，它们以有组织的方式生活在一起并密切相互作用"。社会学中"指由多数动物或植物个体组成"。由此可见，"群体"概念是与"个体"（动物学中称个员）相对的，"群体"由个体组成，"群体"中的"个体"之间存在相互联系、相互作用的关联性，而非毫无关系的简单相加。

根据"群体"概念，将其加以引申，可以这样理解建筑群体：建筑群体就是由相互联系的单体建筑组成的一个有机整体。同单体建筑单体相比，群体内各单体之间的关联性就显得尤为重要。在中国古典园林中建筑个体简单，以群体组合见长，建筑群体虽由简单的个体组成，可见其产生的景效远远大于个体的简单叠加。

（二）建筑单体与建筑群体

这里所谈的建筑单体是一个相对于建筑群体的概念，是指某一幢功能上完全独立的建筑，而只是形体上的划分。它具有独立的建筑形象，是建筑群体的构成要素。它可用以构成一幢功能相对独立的复杂建筑，也可以构成一个院子，乃至一座公园等。如私家园林中的各亭、榭、舫等，虽然以廊、墙、游路相连，但它们形体独立，具有独立的建筑形象，即是构成群体的建筑单体。如果把建筑群体比作是一个完美的乐章，那么建筑单体就是乐章中的一个个跳动的音符。这些音符按照一定的节奏、韵律有组织排列，它们构成了整个乐章，它们彼此相互关联。建筑单体之间的相互关联性主要表现在功能关系、行为秩序、景观协调性等方面。优秀的建筑群体能将建筑单体的"个性"融于群体之中，形成形象多样统一、空间内外贯通、彼此相互依存的有机统一的整体。

1. 功能关系

虽然园林中建筑单体的使用功能差异很大，如，在综合公园中有展览室、餐厅、茶室、亭廊、办公室等各种不同功能的建筑单体；但它们就总体上讲，都是为满足人们的休憩和文化娱乐生活的，功能上互为补充，这也体现了园林空间中功能活动的多样性及功能关系的整体性。功能关系是建筑单体布局首先应考虑的问题，其中主要涉及两个方面，其一，结合功能分区的划分来配置适宜性质的建筑单体，明确哪些建筑单体代表着群体的主要功能，是建筑群体组织的核心，哪些建筑居于相对次要的地位，即要分清功能上的主从关系。如水上活动区的水上茶厅、游船码头；文娱活动区的棋牌室、游艺厅；行政管理区的办公及管理用房等。其二，在建筑单体选址时，还应考虑单体自身对环境的要求。如公园大门常设于公园主、次出入口之处；阅览室、陈列室则宜选址于环境幽静一隅；亭、廊、榭等点景游憩建筑，则需有景可赏，并能点缀风景；餐厅、小卖部等服务性建筑应交通方便，不占主要景观地位；办公管理用房宜处于僻静之地，并设专用入口。

2. 行为秩序（空间序列）

功能分区是建筑群的分离组织手段，而流线关系则是建筑群聚合组织的手段，二者相辅相成。园林中的流线关系是为了满足游赏、管理及人流集散的需求所设置的园路或廊、桥等，通过它联系各景区、景点及建筑单体，它是游览园林空间的导游线、观赏线、景观线。就空间序列的组织形式来看，有对称、规整的和不对称、不规则的。如苏州留园，从城市街道进入园门，经过60余m长的曲折、狭小、时明时暗的走廊与庭院，才到达主景所在的"涵碧山房"。这60 m的路程，游人在一系列景观、空间的变化中，视觉上出现了先抑后扬，由曲折幽暗到山明水秀、豁然开朗的景观效果，在心理上由城市的喧嚣繁杂到心灵得到净化进入悠游山水的境界。是以，园林中的流线组织，既是组织空间或联系建筑的交通流，又形成了人们感知空间环境的景观序列；它是游人动中观景的行为秩序的反映。所以，设计时应充分考虑不同环境人们观赏中的心理活动。

3. 景观协调性

园林中的建筑单体只有与其他建筑及环境要素（山、水、植物）相结合，成为一个有机整体，才能完整、充分地表现出它的艺术价值。景观协调性体现了多样统一的造型艺术的基本规律。建筑单体之间的景观协调，可以通过体形、体量、色彩、材质的统一而获得。其中，最重要的是体形上的统一与协调。在建筑群体设计中，常通过轴线关系建立建筑单体间的结构秩序。常见的有以一幢主体建筑的中心为轴线的，如北京北海的五龙亭；或以连续几幢建筑中心为轴线的；或是用轴线串起几间院落的，如佛香阁建筑群；或是将其分隔成簇群，每个群体中轴线旋转，形成多轴线布局的，如武夷宫景点规划。这样，沿轴线两侧，将道路、绿化、建筑、小品等作对称布置，形成统一对称的建筑群体空间。除此之外，也可运用相同体形获得统一，如桂林杉湖水榭运用圆形作为构图题目，岛西的蘑菇亭与岛东的圆形水榭遥相呼应，与自由曲线的水岸获得景观上的统一。

二、园林建筑群体设计

（一）园林建筑的空间

人们的一切活动都是在一定的空间范围内进行的，而建筑设计的最终目的是提供人们活动使用的空间。虽然人们用大量砖、瓦、木等材料建造了建筑的墙、基础、屋顶等"实"的部分，但人们真正需要使用的却是这些实体的反面，实体范围起来的"空"的部分，即"建筑空间"。于是，现代意大利有机建筑派理论家赛维在他所著的《建筑空间论》提出："建筑艺术并不在于形式空间的结构部分的长、宽、高的综合，而在于那空的部分本身，在于被围起来供人们生活活动的空间。"

中国古代哲学家老子说过"三十辐共一毂，当其无，有车之用。凿户牖以为室，当其无，有室之用。故有之以为利，无之以为用"。这"有"之利，是在"无"的配合下取得的，"室"之用，是由于"无"，即室之中空间的存在。"有"与"无"在建筑中就是建筑实体与空间的对立统一。建筑空间包括室内空间、室外空间和虚空间，既包含了实空间，又包含虚空间，虚实共生形成一体，建筑的本质是空间。

在我国园林建筑群体中也存在着"虚""实"关系，运用"图底分析"方法对其进行分析，我们看到黑色的建筑单体和白色的庭院空间，它们互为图底、彼此依赖、相互穿插，形成和谐积极的建筑群体。值得注意的是，设计中要避免只从单幢建筑自己狭隘的利益出发来分割空间，使得剩余的外部庭院部分成为"下脚料"，因其形状残缺不全，庭院空间难成系统，致使建筑群体丧失了整体性。

（二）园林建筑的布局

园林建筑空间组合形式，主要有以下几种。

1. 由独立的建筑单体或自由组合的建筑群体与环境结合，形成的开放性空间

由一幢或几幢建筑单体构成，这种空间组合的特点是以自然景物烘托建筑物，建筑成为自然风景中的主体，点缀风景。此间，由单幢建筑物形成开放性空间的较为多见，园林中常设于山顶或水边的亭、榭，即属此类。由多幢建筑物组群自由组合构成不对称群体的，如杭州西泠印社，对称的如五龙亭群体。承德避暑山庄金山建筑群由多个建筑单体呈自由式分散布局，虽然用桥、廊相互连接，但不围成封闭院落，亦属此类。

2. 由建筑或廊、墙围合而成庭院空间

这是我国古典园林建筑普遍使用的一种空间组合形式。其中，以四合院的形式最为典型。以建筑物、廊、墙相环绕，形成封闭院落，庭院中点缀山石、池水、植栽，形成一种以近观、静赏为主，动观为辅，内向性的封闭空间环境。庭院联系若干单体建筑（厅、堂、轩、馆、亭、榭、楼、阁），起着公共空间和交通枢纽的作用。

这种形式的庭院可大可小，可以是单一庭院，也可由几个大小不等的庭院组合。按照大小与组合方式的不同，有井、庭、院、园四种形式。

（1）井

即天井，指天井深度比建筑高度为小，仅供采光、通风，人不进入。如苏州留园"华步小筑"。

（2）庭

即庭院，按其位置不同又可分为前庭、中庭、后庭、侧庭。前庭，通常位于主体建筑的前面，面临道路，一般庭院较宽畅，供人们出入交通，也是建筑物与道路之间的人流溪冲地带，此种庭式的布置比较注重与建筑物性质的协调。内庭，又称中庭。一般系多院落庭园之主庭，供人们起居休闲、游观静赏和调剂室内环境之用，通常以近赏景来构成庭中景象。后庭，位于屋后，常常栽植果林，既能供人果食，又可在冬季挡挡北风，庭景一般较自然。如广州越秀公园金印青少年游乐场茶室的前庭、中庭、后庭。侧庭，古时多属书宅院落，庭景十分清雅。如南通狼山准提庵侧庭。

按地形环境的不同又分为山庭、水庭、水石庭、平庭。以一定的山势作庭者，称作山庭。突出水局组织庭园者，称为水庭，在水景中用景石的分量较多而显要者，称作水石庭。庭之地面平而坦者，称为平庭。

按平面形式又分为对称式和自由式两种。对称式庭园，有单院落和多院落之分。对称式单院落庭园，功能和内容较单一，占地面积一般不太大，一般由几个建筑单体围成三合院或四合院，通常这类庭园多用于建筑性质较严肃的地方。对称式多院落组合的庭园，一般用于建筑性质比较庄重、功能比较复杂、体型比较多的大型建筑中。其院落根据建筑主、次轴线作对称布局，依不同用途有规律地组成。如颐和园万寿山前山之中央建筑群。自由式布置的庭园，也有单院落与多院落之分，其共同的特点是构图手法比较自如、灵活，显得轻巧而富于空间变化。

（3）院

院是一种具有小园林气氛的院落空间。范围比庭更大，平面布局也更灵活多样，为了丰富空间景观层次，常于院内运用廊或建筑分隔出一些小角隅空间，形成由几个庭院组成有主次对比、相互衬托的空间形式。如苏州王洗马巷某宅书房小院。

（4）园

园是院落的更进一步扩大，以池水为中心进行布置，是由许多建筑物及井、庭、院所组成的一个复杂的群体空间。如上海豫园。

3.混合式的空间组成

由于功能或组景的需要，有时可把以上几种空间组合的形式结合使用，故称混合式的空间组合。

4.总体布局统一构图分区组景

以上三种空间组合，一般属园林建筑规模较小的布局形式，对于规模较大的园林，则需从总体上根据功能、地形条件，把统一的空间划分成若干各具特色的景区或景点来处理，在构图布局上又使它们能互相因借，巧妙联系，有主次和重点，有节奏和韵律，以取得和谐统一。古典皇家园林如圆明园、北海公园、颐和园；私家古典庭园如苏州拙政园、留园等，都是采用统一构图，分区组景布局的优秀例子。

第六节　景观园林建筑技术经济指标

关于园林建筑的经济问题，涉及的范围是多方面的，如总体布局、单体设计、环境设计、室内设计等。评价一幢园林建筑的是否经济，也涉及很多因素，包括建筑用地、建筑面积、建筑体积、建筑材料、结构形式、设备类型、装修构造及维修管理等方面。国家规定了不同类型建筑的有关标准与规范。在设计中，既应把坚持国家的建筑标准与规范，防止铺张浪费，作为思考建筑经济问题的基础；同时又应该防止片面追求过低的指标与造价，导致建筑质量低下。

在进行园林建筑设计时，在满足使用功能和造型艺术要求的前提下，节约建筑面积和体积是主要考虑的经济因素。常用的技术经济指标如下。

一、建筑面积

建筑面积指建筑物勒脚以上的各层外墙外围的水平面积之和。它可分为使用面积、辅助面积、结构面积三项，即：

建筑面积 = 使用面积 + 辅助面积 + 结构面积

有效面积 = 使用面积 + 辅助面积

注：使用面积指建筑物各层平面中可直接为生产或生活使用的面积总和。

辅助面积指建筑物各层平面中辅助生产或生活所占的面积总和，主要指交通面积。结构面积指建筑物各层平面布置中的墙体、柱与结构所占的面积总和。

建筑面积是国家控制建筑规模的重要指标，于是国家基本建设主管部门对建筑面积的计算作了详细的规定。其中规定了计算建筑面积的范围和不计算建筑面积的范围，具体内容详见建设部颁发的有关规定。

二、建筑系数

评价建筑设计是否精简，从节约建筑面积和体积方面考虑，通常还利用建筑系数来衡量。常用的面积系数有：

使用面积系数 = 使用面积 / 建筑面积

辅助面积系数 = 辅助面积 / 建筑面积

有效面积系数 = 有效面积 / 建筑面积

结构面积系数 = 结构面积 / 建筑面积

（注：有效面积＝使用面积＋辅助面积）

从上述的面积系数分析可以看出，在满足使用功能要求和结构选型合理的情况下，有效面积越大，结构面积越小，越显得经济。可见，采用先进的结构形式、结构材料来降低结构面积，可以大大提高有效面积系数。一般框架结构建筑的有效面积比混合结构的建筑大。对于相同结构类型的建筑，使用面积越大，交通面积越小，越显得经济。因此，在建筑空间组合时，应该力求布局紧凑，充分利用空间，以获得较好的经济效果。在实际工作中，常常采用使用面积系数控制经济指标。

但只控制面积系数不能很好地分析建筑经济问题。在相同面积的控制下，若层高选择偏高，则因增加了建筑的体积，而造成投资显著的增长。这就表明，合理地选择建筑层高，控制建筑的体积，同样是取得经济效果的有效措施。常用的体积系数控制方法如下。

有效面积的建筑体积系数＝建筑体积／有效面积

建筑体积中的有效面积系数＝有效面积／建筑体积

从上述的体积系数分析可以看出，在满足使用功能要求和结构选型合理的情况下，单位有效面积的体积越小越显得经济，而单位体积的有效面积越大越显得经济。

值得注意的是，在建筑设计中运用技术经济指标分析问题时，需要持全面的观点，防止片面追求各项系数的表面效果，诸如过窄的走道、过低的高度、过大的深度、过小的辅助面积，不仅不能带来真正的经济效果，还会严重损害建筑的使用功能和美观要求，将是最大的不经济。

在考虑园林建筑经济问题时，除需要深入分析建筑本身的经济性外，建筑用地的经济性也是不容忽视的。因为增加建筑用地，相应地会增加道路和给排水、电力、热力、电信等管网的投资费用，而一般建筑室外工程费用约占全部建筑造价的20%。所以，在满足卫生防火、日照通风、安全疏散、布局合理、体型美观、环境优美等基本要求下节约用地，对提高建筑经济性具有重要意义。

参考文献

[1] 曾筱，李敏娟. 园林建筑与景观设计 [M]. 长春：吉林美术出版社，2018.

[2] 陈建为. 中外景观 建筑景观 [M]. 武汉：华中科技大学出版社，2008.

[3] 程越，赵倩，延相东. 新中式景观建筑与园林设计 [M]. 长春：吉林美术出版社，
2018.

[4] 傅凯. 水彩·建筑·景观 [M]. 南京：东南大学出版社，2012.

[5] 华晓宁. 整合于景观的建筑设计 [M]. 南京：东南大学出版社，2009.

[6] 黄华明. 现代景观建筑设计 [M]. 武汉：华中科技大学出版社，2008.

[7] 金晶凯. 建筑景观环境手绘技法表现 [M]. 北京：中国建材工业出版社，2014.

[8] 李计忠. 生态景观与建筑艺术 [M]. 北京：团结出版社，2016.

[9] 李璐. 现代植物景观设计与应用实践 [M]. 长春：吉林人民出版社，2019.

[10] 李士青，张祥永，于鲸. 生态视角下景观规划设计研究 [M]. 青岛：中国海洋大学
出版社，2019.

[11] 柳建华，顾勤芳. 建筑公共空间景观设计 [M]. 北京：中国水利水电出版社，2008.

[12] 龙燕，王凯. 建筑景观设计基础 [M]. 北京：中国轻工业出版社，2020.

[13] 逯海勇. 现代景观建筑设计 [M]. 北京：中国水利水电出版社，2013.

[14] 阚怡，曹桂庭. 高等教育建筑类专业系列教材 建筑及景观手绘技法 [M]. 重庆：
重庆大学出版社，2021.

[15] 王向荣. 景观笔记 [M]. 北京：生活·读书·新知三联书店，2019.

[16] 王艳，李艳，回丽丽. 建筑基础结构设计与景观艺术 [M]. 长春：吉林美术出版社，
2018.

[17] 肖国栋，刘婷，王翠. 园林建筑与景观设计 [M]. 长春：吉林美术出版社，2019.

[18] 徐茜茜，王欣国，孔磊. 园林建筑与景观设计 [M]. 北京：光明日报出版社，2017.

[19] 徐伟. 建筑·景观方案推演与表达 [M]. 武汉：武汉大学出版社，2017.

[20] 杨涛. 建筑室内及景观徒手表现 [M]. 武汉：武汉理工大学出版社，2012.

[21] 杨彦辉. 建筑设计与景观艺术 [M]. 北京：光明日报出版社，2017.

[22] 叶菁. 建筑景观手绘表现 [M]. 武汉：华中科技大学出版社，2014.

[23] 尤南飞. 景观设计 [M]. 北京：北京理工大学出版社，2020.

[24] 于晓，谭国栋，崔海珍. 城市规划与园林景观设计 [M]. 长春：吉林人民出版社，

2021.

[25] 张志伟，李莎 . 园林景观施工图设计 [M]. 重庆：重庆大学出版社，2020.

[26] 赵坚 . 乡土营建乡村民居建筑与景观改造设计实践 [M]. 石家庄：河北美术出版社，2018.

[27] 郑毅 . 高等院校艺术学门类十四五规划教材 建筑景观设计手绘表现技法 [M]. 华中科技大学出版社，2021.

[28] 朱正基 . 建筑与景观模型设计制作 [M]. 北京：海洋出版社，2009.